来华留学生跨文化适应问题研究

朱 婧 著

北京工业大学出版社

图书在版编目（CIP）数据

来华留学生跨文化适应问题研究 / 朱婧著 . — 北京：北京工业大学出版社，2021.5
ISBN 978-7-5639-7967-7

Ⅰ . ①来… Ⅱ . ①朱… Ⅲ . ①留学生－青年心理学－研究－中国 Ⅳ . ① B844.2

中国版本图书馆 CIP 数据核字（2021）第 113088 号

来华留学生跨文化适应问题研究

LAIHUA LIUXUESHENG KUAWENHUA SHIYING WENTI YANJIU

著　　者：朱　婧
责任编辑：刘　蕊
封面设计：知更壹点
出版发行：北京工业大学出版社
　　　　　　（北京市朝阳区平乐园 100 号　邮编：100124）
　　　　　　010-67391722（传真）　bgdcbs@sina.com
经销单位：全国各地新华书店
承印单位：天津和萱印刷有限公司
开　　本：710 毫米 ×1000 毫米　1/16
印　　张：11.25
字　　数：225 千字
版　　次：2022 年 6 月第 1 版
印　　次：2022 年 6 月第 1 次印刷
标准书号：ISBN 978-7-5639-7967-7
定　　价：58.00 元

作者简介

朱婧，女，1982 年 11 月生，满族。籍贯：江苏省宿迁市人；单位：承德医学院；职称：讲师；学历：研究生；学位：硕士；研究方向：来华留学生教育管理。主持课题四项，发表核心期刊学术论文四篇，省级学术论文数篇。荣获"河北省国际教育交流先进个人"称号；获得校级"优秀教学管理工作者"等荣誉称号；多次被留学生评为"优秀授课教师"。

前　言

我国自 2017 年成为世界第三、亚洲最大留学目的地国以来，来华留学生教育正在从"规模扩张"向"提质增效"发展。在这一阶段，我国高等教育又开始了普及化发展。因此，提高来华留学生的培养质量是当务之急。然而，近几年，来华留学生"劝退"事件时有发生，这体现了留学生的学术适应困境。国内外有关留学生学术适应的研究虽日渐丰富，但对来华留学生跨文化适应的研究还有待深入。可见，研究来华留学生跨文化适应问题迫在眉睫。

本书共六章。第一章为绪论，主要包括经济全球化背景下的汉语国际传播、汉语现代国际传播概述、来华留学生的构成特点与影响因素、发展来华留学生教育的意义等内容；第二章为来华留学生教育的历史发展，主要阐述了来华留学生教育政策的历史发展、来华留学生教育管理的历史发展、来华留学生来源国别的历史发展等内容；第三章为留学生跨文化适应的理论背景，主要包括跨文化适应与跨文化适应研究、跨文化适应的方式与影响因素、国际学生的跨文化适应等内容；第四章为来华留学生跨文化适应的现状，主要包括跨文化适应的现状分析和跨文化适应存在的问题等内容；第五章为来华留学生的社会支持分析，主要阐述了留学生的社会交往圈、留学生参与中国社会文化生活的情况、中国社会对留学生的接纳程度等内容；第六章为来华留学生跨文化适应疏导策略，主要包括来华留学生跨文化适应原则和来华留学生跨文化适应的具体疏导策略等内容。

为了确保研究内容的丰富性和多样性，作者在写作过程中参考了大量理论与研究文献，在此向涉及的专家学者表示衷心的感谢。

最后，限于作者水平，加之时间仓促，书中难免存在一些不足之处，在此，请广大读者批评指正！

目 录

第一章 绪论

近年来，随着中国实力的增强和国际影响力的扩大，中国已经成为外国人投资关注的焦点，与此同时，中国文化也受到了前所未有的关注，学习汉语的人数逐渐增多，全世界掀起了"汉语热"的狂潮。为了促进汉语的国际传播，中国政府积极与世界教育组织合作，在全球范围内共同开展"汉语国际教育"。本章分为经济全球化背景下的汉语国际传播、汉语现代国际传播概述、来华留学生的构成特点与影响因素、发展来华留学生教育的意义四部分。主要内容包括：汉语国际传播的时代背景、汉语国际传播的功能和意义、影响汉语国际传播的因素等。

第一节 经济全球化背景下的汉语国际传播

一、汉语国际传播的时代背景

（一）经济全球化背景下的文化交流与传播

当今时代是信息时代和全球对话时代，在这个时代，对世界上任何一个国家来说，沟通都是至关重要的。在这种背景下，我国不仅要出口物质产品，还要出口精神产品，要让世界对我们的价值观和我们民族的优秀文化传统加以了解，让更多的朋友理解和支持我们。一方面，我们需要输入和吸收人类文化的精华。另一方面，我们需要出口，让世界对中国的文明和中国的文化加深了解。

随着经济全球化的深入发展，实现信息全球化成为世界各国共同的追求。语言是文化的有机组成部分，也是文化的载体，更是信息的载体，世界文明的多样性在很大程度上表现为世界语言的多样性。汉语是中国文化的载体，是中国与世界沟通交流的工具，在全球化浪潮扑面而来的今天，我们在进行对外传播时，应采取积极和主动的态度，推进汉语的国际传播，让世界了解中国，让中国走向世界，实现多样文化的共存共荣。同时，对外汉语传播的实现，可以使各国得到交流与沟通，营造有利于我国的国际环境，在国际上树立我国的良好形象，维护国家的安全稳定，为我国的现代化建设和改革开放营造良好的国际舆论环境。

（二）中国提升软实力与构建和平崛起的大国形象

在国家政治层面上，文化软实力就是在新的历史条件下在价值上对文化进行的一种战略判断。经济全球化背景下，世界经济一体化和现代科学技术的进步，尤其是传媒技术和交通手段的空前发展，使地球成为一个"都市"并日益成为一个"村"。

传统的经济、技术、军事等硬实力，已不是新时代背景下各国竞争的单一的决定因素，文化、信息、组织和结构等软实力的地位日益崛起，成为更具时代特征的国家综合实力的表现。

软实力的较量是不同文化间的博弈，这种较量在相当程度上表现为语言的传播与交流。其实，中国从未停止过软实力的交流。根据民间调查，一直以来，《老子》一书在西方的销售量仅次于《圣经》；美国的军校也一直将《孙子兵法》作为教科书。一位诺贝尔奖获得者曾建议：人类要生存下去，就必须回到 25 个世纪以前，去汲取孔子的智慧。这表明，中国的文化软实力已具备一定的国际影响力。

五四运动和改革开放以来，中国人民在中西文化碰撞与交流的过程中进行着不懈的努力和艰苦的斗争，中西文化间的博弈日益增强，尽管近代以来国家长期的贫弱等导致了传统文化的断层，但中国软实力较量的基石——汉语的国际传播，使我国文化吐故纳新，得到不断的发展和进步，取得了可喜的成绩。近年来，国外的"汉语热"不能不说是中国软实力提升的表现，这也预示着中国软实力发展的方向。

软实力作为一个新理念，就像黑夜里的明灯照亮了文化探索的道路，照亮了我们对外汉语传播打造中国文化软实力的大道。汉语的国际传播将夯实中国的文化软实力基础，从而引起世界文明全面进步的蝴蝶效应。

二、汉语国际传播的功能和意义

（一）凝聚中华民族精神

汉语传播，对于我国国际地位的提升具有不可替代的重要作用。世界上许多国家都把向世界推广本国语言作为一种国策，作为对外合作交流的重要组成部分。在世界上推广汉语、传播中华文化是我国对外开放政策的具体表现，有利于稳定我国的大国地位，有利于我国在重大国际关系和国际大事件中作用的发挥，这是中华民族所希望的，在这一层面上，汉语传播具有重要的政治意义。

目前，中国对于以传播促进各国、各民族的理解与沟通，创造人类社会的和谐、理性、平等、公正的目的给予了越来越多的重视。随着科技的发展，不同地区和不同民族的命运越来越紧密地联系在一起。汉语是中华民族的重要特征之一，是中华民族凝聚力的核心。自古以来，中华民族便散居在世界各地，海外华人是中华民族的重要组成部分，但由于时间的推进，其汉语的使用有减少的趋势。他们已经习惯使用所在国的语言，对汉语比较陌生，在民族意识上也越来越淡薄，有些甚至成了"香蕉人"。加强汉语的传播，可以促进世界华人的团结，维系各地华人对祖国的深厚感情，强化中华民族的精神凝聚力，增强广大华侨、华人的民族认同感，维护国家的统一。在海外华人中推广汉语，有助于保留中华民族的内在精髓，固化民族之根，团结国家之本。在海内外传播汉语将使全球华人凝聚成不朽的长绳；汉语可以像凝固剂一样把中华民族团结在一起。只要中华民族团结奋进，实现伟大民族的复兴将不会是遥远的事情。

（二）促进中国经济多元发展

以英语为例，英国是传统的英语输出霸主，仅英语教学产业每年就给英国带去七十亿英镑的有形和无形收入，同时解决了成千上万的英国人的就业问题。英国国内的语言学校就有几百家，英国文化委员会和海外志愿者服务社每年向世界各地派出成千上万的专家和学者，全力追求语言产业利润的最大化。

同时，相关汉语传播产业也得到发展，形成产业链结构。例如，教材、工具书、学习考试资料等的出版，可以为出版业带来巨大的利润；开发学习软件，可以给软件业开发商带来利润；广播、电视、报纸等媒体提高了发行率和收视率，将促进广告业的发展；来中国学习旅游的人增加将促进中国餐饮、旅游业的发展；大量海外留学生在中国的日常消费，将使中国的餐饮、百货、旅游等服务业大大获益。总之，汉语传播直接创造经济产值的同时可以间接产生经济效益，带动相关行业和部门的发展，从而使经济得到持续的发展。

（三）改变世界对中国的认识

传播汉语，从根本上说是传播中华民族的文化，从而影响人们的思维方式，使其感悟到中华文化的哲学理念。外国人喜欢中国的很大一部分原因是中国文化中的哲学能解决现实中的问题。例如，当今世界的和平发展问题、和谐发展问题，在儒家思想中都有较好的解决方案。汉语的传播使懂汉语的人增多，有利于消除长期压抑中国人的历史阴影，从而化解部分西方人对中国的误解，也就能使其他国家更尊重中国，尊重中华民族，减少中国走上强国之路的阻力。中国有悠久而独特的文化，有丰富的旅游资源，每年吸引着无数国外游客前来观光旅游、购物，学习汉语可以方便他们在中国的游玩、生活，便于他们更深入地了解中国的文化。同样，中国在过去经历了很多磨难，一部分人丧失了自信心，当中国的文化在世界上大放异彩地展现其魅力的时候，中国人民对文化的认识将从被动变为自觉，这种自觉将转化为强烈的文化自信。对外汉语传播可以使中国人民摒弃陈旧思想，净化心灵的阴影，专心于民族的复兴。

（四）促进世界共融共通共发展

汉语传播不仅可以增加世界对中国的了解和理解，扩大世界对中国的舆论支持，而且可以平衡国际空间的话语权，有利于世界的共融共通共发展。世界人民通过汉语了解了中国文化的精华，将明白和睦相处才是世界的主题，共融共通共发展才是目的。语言作为民族文化的主要载体和重要组成部分，是一个民族的标志和流动的文化，它体现着一个民族的生命力、凝聚力、创造力和影响力，它在国家的发展和国际的和平发展中的作用越来越重要。汉语对外传播的伟大任务和职责，就是设法打破语言的壁垒，填平语言的鸿沟，架设语言的桥梁，让人类实现无障碍的交流，取得彼此的理解，最终实现和平相处，共融共通共发展。

三、影响汉语国际传播的因素

（一）环境因素

对外汉语传播形势严峻。英语是世界的强势语言，是中国对外汉语传播的最大的包围圈。汉语虽然是世界上使用人口最多的语言，是联合国的工作语言之一，但全世界有45个国家的官方语言是英语，1/3的人讲英语，75%的电视节目使用的是英语，在联合国各种场合中使用的工作语言有95%是英语，汉语热，其实是"热"在国外，而"冷"在国内和海外华人社会。在日益激烈的语言竞争面前，我们的母语防护意识较为薄弱。

（二）汉语传播者因素

对外汉语传播要求有高素质的人才。进行对外汉语传播需要传播者拥有丰富的汉语文化知识，这是传播的根本，否则传播就是无源之水，无本之木。熟悉汉语的中国人不少，但拥有丰富的汉语文化知识的人并不是很多。对外汉语人才需要能讲纯熟的外语，只有熟练掌握外语技能，才能真正使国外受众理解汉语。如果我们的对外汉语传播运用的是中文的思维方式，不懂外语的表达习惯，就会让海外受众难以理解。对外汉语人才还需要熟练掌握计算机技术，通过互联网络，运用多样的媒介手段才能使海外受众乐于接受。对外汉语传播人才还需要具备丰富的传播经验，懂得传播规律和传播技巧。没有对外汉语传播所要求的这些素质，要想达到有效传播的目的是非常困难的。

就目前而言，在中国，这样的传播人才还比较少。以对外汉语教师来说，具有综合素质的人才凤毛麟角。对外传播汉语，打造中国软实力，是中国人的事，更是传播者的职责，我们首先要提高自己的素质，这不仅是世界发展的需要，更是中国未来发展的要求。

（三）汉语传播的媒体因素

虽然我国的对外传播是全方位和立体化的传播——平面、广播、电视、网络四代媒体相结合，但专注于传播汉语的并不多。中国中央电视台的国际频道只有第4频道用中文播出，主要针对海外华人华侨，其他国际频道主要采用传播对象本土语言进行传播。人民日报等纸质媒介的海外汉语版几乎难以发行，读者群也主要针对海外华人华侨，新华社的外文发稿，多数采用其他国家的语言。当前汉语教材的出版数量、品种都呈几何数字增长，但不管是数量、内容，还是形式都远远不能与新形势下的要求相适应。因此，借用媒体传播汉语还有待进一步加强。

（四）汉语传播的受众因素

把握受众才能做到有的放矢，因此，汉语对外传播应充分了解受众。

首先，对受众要有一个准确的定位。目前，把什么样的受众作为传播的对象，还不是很清晰。国内主要把海外留学生作为传播对象，确实能起到星星之火可以燎原的作用；在国外以海外学生为传播对象，定位也非常准确。但对外汉语传播的对象是复杂的和分散的，除了学生外，还有很多对象需要学习和了解汉语，海外华人也应该是主要的传播对象，因为海外华人近年来汉语水平有所下降。海外来华工作的员工，需要直接用汉语和国内人民沟通，但以这类人为对象的传播在中国很少见。总体上讲，但凡希望了解中国的，甚至不想了解中国的外国人都应该是对外汉语的传播对象。根据目前的传播情况，我们可以把传播对象分为直接对象、间接对象和潜在对象，国内留学生和海外学生是直接对象，国内工作的海外人士是间接对象，想了解中国的外国人和不想了解中国的外国人是潜在对象。那么在传播学意义上，学生是目标受众，概括为国际受众，海外华人是次目标受众，是次国际受众，想了解中国的外国人和不想了解中国的外国人则是国际潜在受众。有了这样的定位，就很容易把握传播的方向。

其次，对海外汉语受众的接受心理的研究还明显不足。受众心理因地域、民族、年龄、性别、文化背景的不同而明显不同，要传播汉语就需要了解与这些相关的受众心理，研究受众心理既要研究基本受众心理规律，又要研究特殊群体心理特征，还要研究差异下的心理习惯。了解受众心理，就是要了解文化结构，文化有表层结构和深层结构，表层结构较容易在文化冲突中改变，而深层结构是不易改变的。文化的深层结构主要是一个民族数代人积淀而成的心理习惯，这种积淀在人们心理上形成一定的心理定式和思维定式，这种深层结构是十分稳固的。汉语以汉民族思维方式为基础，形成了重意会、轻逻辑的语言特点。而成人比儿童有更突出的思维定式，接受不熟悉的事物的能力往往弱于儿童，在汉语学习中更容易受到母语的干扰。因此，思维方式的不同，是汉语有效传播的一大障碍。外国成人在学习汉语的语法、语义等语言基础知识时，由于思维方式的影响，受母语干扰的现象十分普遍。什么是受众关心的，什么是受众喜欢的，什么传播方式适合什么样的受众等，这些都需要专业的受众心理调查和受众心理分析，是非常复杂和困难的事情，也是长远的事情。目前，关于这方面的研究几乎是空白的。正因为如此，中国对外汉语研究还有很多值得深入研究的地方。在不久的将来，对外汉语传播心理研究应该是对外汉语传播的重要课题。在对外汉语传播心理研究中，值得注意的一点是，对外汉语传播心理研究最根本的一点就是要坚持以人为本。

由于上述汉语自身的、媒介的、受众的、传播者的、国家投入方面的诸多因素，目前对外汉语传播的效果不够理想。如何才能达到理想的传播效果，是值得我们深思的问题。

四、推进汉语国际传播的建议

（一）加强对外汉语教学

对外汉语教学是汉语国际化的核心内容和实施途径，这一点已成为共识。只有掌握了汉字的基础才能真正传播中国的文化，汉语教学可以教学汉字，可以培养听、说、读、写、译的能力。有了汉字语言传播的基础，才能有效传播汉语文化。对外汉语的教学成果比较多，但在以下几个方面还需强化。

1. 编写经典对外汉语教材

在教材的编写上应做到：第一，在内容选材上，选取充分表现中国文化精华的经典作品作为精读教材，选取优秀文化作品作为泛读教材，选取现代作品作为欣赏教材。第二，要适应西方人乐于接受的思维方式和语言表达方式，以幽默风趣制胜。第三，充分重视外国受众的关注点和他们的价值观特点，主动出击，注重时效。第四，避免使对外汉语传播陷入成为对外政治宣传的被动局面。

2. 改进对外汉语教学方法

教学方法是汉语有效传播的必要手段。目前，我国对外汉语教学观念还是传统的观念，以教师为主体的教学观念在对外汉语教师头脑中根深蒂固，要想有效传播汉语就要改进目前的教学方法，形成有效的对外汉语教学模式。教学方法是综合的方法，是一种博采众家之长，避免各派之短的多元性、综合性的教学方式。教学模式也是具体环境下的多种模式的结合体。就对外汉语教学的现实来说，"教"只是一个方面，更重要的是学生的"学"，学生的学法是教学的主要内容。

我们可以通过以下方式来改进教学方法：第一，教师潜心研究汉语，尽量掌握留学生的文化语言背景，在具体的课堂上创设有利于学习的情景。这样既能弥补国籍间的文化差异，又能把中国的语言文化很好地传播给他们。第二，选择学生感兴趣的经典教材，通过"内容不足，音像来补；深度不足，猎奇来补；准备不足，讨论来补"等方式，在具体的学生文化背景下分析讲解其内涵，尽量做到精讲多练。第三，根据不同内容，采取多样的教学方式。例如，在字词教学中，为了加深学生的记忆，可以尝试编儿歌、编故事、编字谜等方式；在语法课中，尽量多举有关学生日常生活事例的句子，帮助学生理解；在听力课中，采用看电影、听音乐等方式进行听力练习。第四，认真组织课堂教学，循序渐进，不拘陈规，充分发挥学生学习的积极性、创造性。第五，总结教学经验，传授给学生学习汉语的方法，让学生在语言实践中领会学习方法，增强学习效果。

3. 加大对对外汉语教学的投入

正如英语的国际化建立在英美国家大量的经济投入的基础上一样，目前，世界各国认识到了汉语的重要性，纷纷主动开设汉语课程和开办孔子学院。例如，法国中小学汉语开课的推进速度很快；德国对孔子学院的建设最积极，并且希望我们在他们中小学开设汉语课方面提供支持；在美国，联邦政府积极支持中文教材的开发，充分体现了美国政府对汉语教学的重视。这是汉语传播的大好时机，当然这需要大量的资金投入。为此，国家汉语国际推广领导小组办公室（简称国家汉办）加大了对重点国家汉语教学的支持力度。首先，加大对对外汉语教学的投入；其次，通过联合办学的方式进行资源整合；最后，调动和鼓励社会各界和海外华人、华侨、留学人员捐资以加大投入。

4. 建好进行对外汉语传播的孔子学院

孔子学院是传播中华文化的重要执行者。为满足各国建立孔子学院的热切要求，我们加快了孔子学院建设。孔子学院的建设不仅是硬件的建设，相关的软件必须跟上，如对外汉语教师的配备、教材的开发等是孔子学院建设的关键。在建设中，我们不要求整齐划一，而是根据当地的需求和实际情况设计教汉语和传播中华文化的任务，特别是要突出孔子学院在两国经济、政治、外交方面沟通关系的桥梁作用。建好孔子学院这个基地，我们教授汉语，不仅可以使接受者学习汉语，了解中国的现状，还可以让他们学到东方文化。他们再以中国文化的传播者身份在本国传播汉语和中国文化，我们的汉语和文化才能呈几何级数向外扩散，我们孔子学院的基地作用才能得以发挥。孔子学院的建设本身是为了提高我国的影响力，扩大知名度，但从根本上、长远来看，我们以孔子学院的影响力，影响海外人士，海外人士再影响所在国家的国人，从而产生深远的影响，才是孔子学院建设的最终目的。因此，孔子学院是海外传播汉语的重要基地，我们应把孔子学院建设好，做大，做强。建设好孔子学院可以从以下几个方面着手：①和所在国联合做好孔子学院的硬件建设，使海外汉语学习者有良好的学习环境。②充分培训和利用好对外汉语教师，使他们把传播中华文化、从事对外汉语教学作为己任。③加强对孔子学院的宣传，加大培训力度，形成世界影响力，吸引大量的海外人士学习汉语。

5. 培养优秀的对外汉语教学人才

对外汉语并不是简单的汉语加外语，不是只要普通话标准，会说几句外语，就可以胜任对外汉语工作的。对外汉语工作需要的人才是具有复合型知识架构的实用型人才，要求从业者不仅要扎实掌握与汉语言文字学和对外汉语教学相关的基本理论和教学方法，具备一定的文学文化素养，而且要具备和掌握教育学、心理学等学科的基本理论和技巧，同时还能熟练地使用外语。培养出具有优秀综合素质且熟练掌握教学方法的对外汉语教师迫在眉睫。据悉，目前国内获得对外汉语教师资格证书的约有 5000 人，国内对外汉语专职教师和兼职教师有近万人。迄今为止，国家汉办已向海外的孔子学院派遣了数百位全职语言教师和1000多名志愿者。一些国家还通过其他渠道直接从中国引进汉语教师，以解燃眉之急。

教师在汉语传播中是把关人，是汉语互动的关键点。要做好教师培养，可以从以下几个方面着手：①加大对对外汉语教师教育的投入。②把对外汉语教学专业作为汉语言文学专业的一个主要学科，培养对外汉语教学的硕士和博士。③把汉语和其他语种紧密结合，重点培养双语人才。④加强对汉语教师计算机应用能力的培养。

（二）加强汉语国际传播的媒体传播

语言是信息传播的基础，也是衡量一个国家软实力的重要指标。美国之所以能够将各种文化产品连同价值观念与生活方式行销全世界，除了国力的支撑外，主要依靠的就是语言优势，这也是美国软实力强大的一个重要表征。强国就要强化传媒，强化传媒就要强化语言的传播。

事实上，媒介的传播作用至关重要。传媒每年生产成千上万的书籍、教学片和纪录片，昼夜不停地去影响其传播对象，去主宰他们的精神生活，传媒产生的是一种潜移默化和"润物细无声"的传播效果。因此，要想做好对外汉语传播，应充分利用传播媒介。

1. 拓展网络传播

网络是第四媒体，是人们迅速、简单、低廉地获取信息的工具，它以互动见长。汉语的传播是互动的过程，在网上传播汉语是简便易行的方式。网络提供的汉语学习环境涉及游戏、服饰、汽车、音乐、体育、影视等多个行业，利用网络传播汉语是对语言学习环境的综合运用，可以用视频、音频形成视觉、听觉冲击，同时用户还能在线参与汉语学习和交流，与专家进行互动，从而增强学习效果。

互联网对汉语传播的传播者和接受者来说都是相对廉价的平台，可以利用互联网建设汉语教学网站，把现有的教材都搬到网上去，让各国的汉语教师都能便捷地获取课件，为第一线教师提供教学资源，同时为学习者提供学习资源。网络传播因其特性而得以广泛应用，我们应该因势利导做好中文网站，特别是中文的学习网，目前，这方面做得还不够，应该针对不同的受众需求设置相应的汉语传播平台。

2. 加强广电影视传播

（1）广播方面

中国国际广播电台通过本土发射，在海外建立中转发射台，海外租机、租时段等方式，使用 65 种语言全天候向世界传播，"华语广播网"在世界各地的影响逐渐扩大。

（2）电视方面

中央电视台第四套节目（中文国际频道）可以覆盖我国香港、澳门、台湾地区和亚洲、大洋洲、俄罗斯、东欧、中东和非洲的 80 多个国家和地区；中央电视台的《东方时空》《走遍中国》栏目为世界人民所共知。

（3）电影方面

近年来，我国通过参加国际电影节、在国外举办中国电影展等方式，积极推动中国电影走出去。

加强广电影视传播就是整合对外汉语传播的媒体，就是扩展国际交流平台，增加传播途径，让传播者和接受者都能获得丰富的资源。对外汉语传播应把汉语传播和主流媒体结合起来，在媒体上花费足够时段提供汉语教学节目，同时开发媒介产品，尽管媒介产品中汉语不一定是最主要的表现方式，但汉语在媒介产品中的作用是不容忽视的。很多人通过看电影、听英文歌曲学习英语，在形象的语境中更能使汉语植根于受众内心。这些广播影视作品为了适应海外发行要求需进行翻译，即便这样中外文字幕也是传播汉语的有效途径。

3. 出版免费中文报纸和双语报纸

报纸是典型的语言媒体，是海外媒介传播汉语的工具。海外有一定数量的华人，但汉语的海外传播对象不仅是华人，包括知道汉语、想了解中国的一切受众，其中有些人的汉语并不一定很好，又缺乏足够的动力购买中文报纸。基于此，海外汉语传播就可以采用免费送、免费看中文报纸的方式。另外，为了照顾不懂汉语的海外人士，可以出版双语版的报纸让广大受众阅读。当然，要想有效传播汉语，还要了解海外受众的阅读兴趣，做到文字浅易化、内容时代化、版面合理化。

4. 出版经典对外汉语教材和读物

书籍是语言文字的有形载体，也是进行文化传播的重要工具。汉语的持续升温，将带动汉语教材、汉语读物出版事业的繁荣。目前，汉语学习者特别需要一套适应时代需求的、符合外国学生学习规律的全新的对外汉语教材。但是，现阶段对外汉语教材、汉语读物的出版刚刚起步，中国的英语教材、英语读物浩如烟海，蔚为大观，相比之下对外汉语类图书的市场还远未充分开发。中国的文化源远流长，各种汉语书籍更是数不胜数，为汉语国际传播提供了大量素材。

阅读汉语读物不仅可以满足外国人对中国文化的好奇心，而且是学习汉语的一种有效手段。国内出版的汉语读物显然不适合外国人阅读，因为外国人存在语言障碍，而且由于对中国文化不了解，他们不能很好地理解书中的内容。因此，出版适合外国人学习的汉语读物是做好汉语对外传播必须做的事情。另外，汉语工具书也是重要的内容，一般学习外语的人都离不开工具书。从方便上来说，应编写一些小型灵活的汉语工具书。

我们要顺应时代要求，首先，我们要出版经典的对外汉语教材，教材的内容要充分体现中国的文化精华。其次，我们要出版经典的普通读物，让海外人士能轻松阅读。最后，我们要出版方便灵活的汉语学习工具书，如汉英双解词典、汉语小词典等。总之，要利用教材、图书、工具书等促进海外人士高效学习汉语。

5. 出版汉语学习音像出版物并开发汉语学习软件

现在美、英、法、德等发达国家的文化产品充斥各国文化市场，无不得益于其语言在世界上的广泛传播，而文化产品充斥各国文化市场可以有效推进本国语言在世界上的广泛传播。推广汉语应当做到：①出版大量的音像出版物；②结合海外汉语学习环境，积极开发汉语学习软件，使汉语简单便捷地走向海外。

6. 更新数字思维，达成传播共识

在数字技术高度发展的国际环境下，传统的面对面的汉语传播模式已无法满足当前汉语国际传播的实际需求，传统的汉语传播模式也遇到了许多由"三教"（教师、教材、教法）问题引发的难题和挑战。而随着各种数字媒介的兴起和发展，汉语国际传播者需迅速更新思维模式，不断培养和强化大媒介观和"互联网思维"，以求顺应时代的要求，借助多种数字媒介持续优化和丰富中华语言文化的传播模式。

实际上，大媒介观是在媒介融合的基础上提出来的一个概念，或者说是一种新型媒介观念。媒介融合是在传统媒介与新型媒介之间从碰撞到融合的过程中提出来的。在互联网技术和数字技术的推动下，传统媒介越来越多地呈现出新型媒介的特质，新型媒介也依托传统媒介不断发展完善，各种媒介正呈现出多功能一体化的趋势。也就是说，数字通讯技术的发展使各种传播媒介之间的界限逐渐模糊，各个行业之间的联系也越来越紧密，媒介的融合促进了各行各业的相互融合和渗透。正是基于这一事实，大媒介观这一媒介思维观念应运而生，许多媒介研究者也通过运用这一思维观念，从而跳出了单一媒介的研究思路，学会站在多种媒介的整体角度来更加细致全面地分析各个媒介的特点和功用，并通过综合运用多种媒介达到了媒介融合的最佳传播效果。

"互联网思维"是近几年兴起的一个极具市场潜力的词汇，它是指在互联网＋、大数据、云计算等科技不断发展的背景下，对市场、用户、产品、企业价值链乃至对整个商业生态进行重新审视的思考方式。互联网思维是一种商业民主化的思维，更是一种用户至上的思维。实际上，互联网时代的思考方式，不局限于互联网产品、互联网企业，因为未来的网络形态一定是跨越电视、手机、平板电脑等各种终端设备的。小米手机品牌的树立就是一个运用互联网思维进行商业传播的成功案例：成立于 2010 年的小米科技有限责任公司，首创了用互联网模式开发手机操作系统、发烧友参与开发改进的模式，2011 年销售额就达 5 亿元，在新一轮融资中，估值达 100 亿美元，位列国内互联网公司第四名。传统企业互联网转型实战专家赵大伟在《互联网思维独孤九剑》一书中曾总结九大互联网思维：用户思维、简约思维、极致思维、迭代思维、流量思维、社会化思维、大数据思维、平台思维、跨界思维。对汉语国际传播事业来说，虽然汉语国际传播不是一种商业行为，但完全可以借鉴相关的成功案例，以求达到更好的传播效果。

自古以来，媒介就是人类文化传播的重要工具和手段，而数字媒介出现后，其新颖的技术形式、迅猛的发展速度、广泛的覆盖面积早已超出我们的想象，尤其是在数字时代成长起来的年青一代，他们早已习惯通过各种数字媒介来获取各种信息和学习语言文化知识。其实，汉语国际传播的各个环节早已与各种数字媒介产生了联系，但数字媒介还未真正融入汉语国际传播的各个领域。也就是说，汉语国际传播者还未真正从传播学角度分析中华语言文化的传播主体、传播内容、传播媒介、传播受众和传播效果等方面的重大变化，从而真正使汉语国际传播和数字媒介进行深层次融合，进而增强汉语国际传播的综合影响力。

总之，汉语国际传播作为传播领域的一个特殊内容，在研究自身系统知识的同时，还要与传播领域进行紧密联系，尤其在研究各种数字媒介在汉语国际传播中的应用时，更应该用具有大媒介观和互联网思维意识的数字思维方式，从数字媒介的全媒体角度来进行相应的分析，而不是局限于单一数字媒介在汉语国际传播中的工具性研究范围，这是汉语国际传播研究者和实践者需要达成的一个传播共识。

7. 明确媒介特征，搭建传播平台

基于数字技术的发展，传统媒介和新型媒介之间的界限越来越模糊，它们有了越来越多的共性，但无论是数字化的传统媒介，还是新型数字媒介，它们都有自身不可替代的特性。虽然各种数字媒介让信息传播显得更加便捷和迅速，但每种数字媒介所承载的信息内容和形式，乃至其传播目的都有所不同。因此，只有更好地了解各种数字媒介的媒介特征，并制作相应的传播内容，才能达到理想的传播效果。

以数字出版和网络媒介为例，除了北京语言大学出版社在积极开发数字出版领域之外，孔子学院总部在 2015 年也创建了一个类似数字出版的免费网络平台——"国际汉语教材编写指南"。该平台是孔子学院总部集合海内外近百位专家，引入科学领域"分类标定"的研究方法，历时 3 年，依托大数据和数字处理技术，成功打造的集最新科研成果、最丰富语素语料、最权威课程标准、最智能化开发工具、最量化教材评估体系于一体的大型实用网络应用平台。该平台的成功打造正是基于对数字出版媒介的准确定位，抓住了其最显著的媒介特征，成为一个专业的和全面的内容生产平台，从而为汉语教学研究者提供科研成果参考和评价依据，为一线教学工作者提供便捷的指导和服务。该平台自 2015 年上线以来，注册用户已达 7 万人，总浏览量 106 万人次，取得各类教材编写成果 4 万余件；初步建成总部主干教材 802 套，其中数字形态产品占55%；建成中外文化差异案例库，收集、制作涵盖 99 个国家的案例近万条。

在数字电视媒介上，除了之前的《汉语桥》等电视节目产生了一定的影响力外，近两年中央电视台制作播出的《中国诗词大会》等一系列文化类电视节目也取得了不错的传播效果。其实不单单是纯语言文化类节目，任何以汉语为节目语言的节目都可以成为汉语国际传播的节目内容，如音乐、电影、电视剧、综艺等。电视节目在一定程度上是为了吸引目标人群的兴趣，而不能完全作为纯粹的教学载体。因此，汉语节目的制作一定要符合电视节目本身的制作规律，吸引到足够的目标群体后，目标群体会通过书籍和网络等其他媒介进行线下深入学习。必须明确的是，教育教学不等于汉语国际传播，优秀的电视节目经过加工进行海外推广，这本身就是一种汉语国际传播。只有节目制作者将节目内容和电视媒介的特征进行紧密结合，才能使制作的电视节目符合电视观众的观赏品位，从而达到预期的传播目的。

此外，在手机媒介方面，在目前的手机软件市场上，一些与汉语学习交流相关的应用软件也开始出现，如"实用汉字转拼音"软件，作为一款汉字转拼音的专用工具，它可以将简体汉字转换为标准全拼拼音，并且操作也十分简单。而"口舌汉语拼音"软件，则能展示汉语拼音声母、韵母发音部位图例，用动画演示汉语字、词发音时的口型和舌位，能帮助学习者发准音、发对音。此演示程序也能帮助汉语教师在课堂中做学习汉语拼音的课件。此外，像"n词酷"软件，它采用全英文的界面，搜索后有拼音、解释、例句、习语，有中国汉语水平考试（HSK）词库，有笔顺演示动画等，功能较全。上述这些手机应用软件虽然具有相对专业化的学习和教学功能，但相较于手机微信这款社交软件在汉语国际传播中的应用，显然它们在普及度和受欢迎度上还具有一定的差距。手机是未来移动学习的重要数字媒介，因此，从事汉语国际传播事业的相关软件研发者，必须结合目标用户的内在需求，更加精准地抓住手机媒介的显著特征，开发出真正受市场欢迎的与汉语国际传播相关的应用软件。

通过以上对以数字出版、数字电视为代表的数字化传统媒介的研究，以及以网络和手机为代表的新型数字媒介的研究，我们可以基本明确每种汉语国际传播数字媒介的媒介特征和侧重点，具体来说，有以下几点。

汉语国际传播数字出版媒介应集中精力在内容制作上，即开发出一系列适合汉语教学者和学习者阅读需求和习惯的数字内容，重点打造精品教材和专业学习资料，从而发挥出其他媒介所无法具备的最大优势和潜力，再通过突破宣传服务、市场效果等技术上的限制，使数字出版在汉语国际传播中的应用真正达到成熟。因此，汉语国际传播数字出版媒介最典型的媒介优势在于专业系统性内容的研发制作，打造精品教材和专业学习资料是其核心要素。总之，数字化出版在我国启动的时间虽然比较晚，还不甚成熟，但国家对于数字化出版给予了高度重视。随着技术的不断进步，人们的阅读习惯和阅读方式发生了翻天覆地的变化，而数字出版的市场前景也会更加广阔。对于从事数字出版媒介研究和实践工作的汉语国际传播者来说，需要抓住这个机遇，在数字出版领域做出一定成果，这既有助于其自身发展，又能推动汉语国际传播事业在数字出版领域的繁荣。

汉语国际传播数字电视媒介应集中精力在市场宣传上，即汲取目前电视市场热播的电视节目的优点，结合汉语国际传播自身的特色，打造一档具有市场影响力的对外汉语电视综艺节目。也就是说，对外汉语电视节目虽然也要注重内容的制作和形式的创新，但它的吸引点不在于能传授给电视观众多少汉语文化知识，而是要着重激发电视观众对中华语言文化的兴趣，从而吸引他们进一步关注中华语言文化的系统知识和丰富内涵。因此，汉语国际传播数字电视媒介最典型的媒介优势在于信息的宣传推广，打造一个具有市场号召力和影响力的汉语国际传播平台是最为重要的目的。总之，从目前情况来看，数字电视媒介在汉语国际传播中的应用还有很大的发展潜力与空间，是一项朝阳事业。作为从事数字电视媒介研究和实践工作的汉语国际传播者来说，一定要抓住这个难得的机遇，依托电视媒介这个广阔的交流平台，开拓思维，努力制作出高质量的、观众喜闻乐见的对外汉语节目。

汉语国际传播网络媒介的重点在信息服务上，即通过整合各种信息资源和自制具有针对性的专业信息内容来更好地为相应的用户提供信息服务，从而增加用户对网站的使用黏度，发挥出网站的最大功用。也就是说，相较于注重系统性学习内容的数字出版媒介和注重市场宣传推广的数字电视媒介，网络媒介在汉语国际传播中的主要任务应该是打造一个能与受众进行即时交流的信息服务的综合性门户网站，从而更好地了解汉语学习者的需求，及时做出相应的调整。总之，在互联网高速发展的现代信息社会，网络媒介的地位和作用不言而喻。汉语国际传播者也应该利用网络媒介的优势和特点，将其与自身工作进行更好的融合，从而让网络媒介助力汉语国际传播事业高效快速地发展。

移动化学习是未来教育发展的一个趋势，目前在线教育正如火如荼地发展便是一个有力证明，而移动化学习必须借助移动设备进行，手机媒介无疑是最好的移动学习设备。因此，汉语国际传播者应密切关注未来汉语学习者的学习趋势，及早针对手机媒介在汉语国际传播中的应用可能性做出相应的构想研究和实践工作，从而掌握先机，让手机媒介成为汉语国际传播事业发展的一大助力，充分推动汉语国际传播事业的发展。总之，虽然目前汉语国际传播类手机应用软件的部分功能仍有欠缺，但是这类软件的出现和在汉语学习上的初步应用就已经是一个不小的突破，而随着手机媒介自身功能的进一步完善，现有的应用也将不断更新发展，届时将逐渐弥补汉语国际传播领域的巨大缺口。

总而言之，数字出版媒介重在专业内容的研发，汉语国际传播者需集中精力在传播内容上，开发一系列适合汉语学习者的精品教材和专业学习资料等资源。数字电视媒介重在宣传平台的打造，汉语国际传播者应集中精力在传播宣传推广上，打造汉语国际传播的传播品牌。网络媒介重在信息服务功能的健全，汉语国际传播者需集中精力在传播信息服务上，为汉语学习者提供一个信息获取、交流、反馈的综合性服务平台。手机媒介重在移动学习软件的开发上，汉语国际传播者应关注未来移动学习的趋势，努力适应汉语学习者新的学习习惯和学习方式。汉语国际传播研究者和实践者只有明确了各种数字媒介的特征，才能更好地制定传播策略，将优秀的中华语言和文化以不同形式成功地传播到世界各地。

8.借鉴行业经验，制定传播策略

随着数字时代的到来，各行各业都在利用数字媒介寻求新的突破与转型，其中不乏许多成功的案例，汉语国际传播也需从中汲取经验，顺应时代发展的需要，与数字媒介进行纵向和横向的深度融合。例如，同样在教育领域，近几年在线教育的强势兴起和迅猛发展就是一个很好的例证。所谓在线教育，是一种基于网络的新型学习方式，它正是随着互联网这一新型媒介的广泛应用而得以发展普及的。尤其是从 2013 年以来，我国在线教育行业更是以迅猛之势蓬勃发展。相关机构的最新研究数据表明，2015 年的中国在线教育市场规模已经突破 1600 亿元，并且它在未来几年仍会保持 30% 以上的增长速度。可以说，在线教育行业的兴起与互联网的繁荣发展具有密不可分的关系，而互联网也成为促使数字媒介不断发展和融合的重要技术支持。各种联系紧密又不断发展完善的数字媒介，成为各行各业跟上社会发展、技术发展和时代发展的重要工具和平台，而汉语国际传播也需充分考虑各种数字媒介对自身的影响，从而充分利用数字媒介帮助自己更好地进行转型和升级。

而拿与网络孔子学院几乎同时出现的慕课来说，慕课是在 2008 年提出的概念，它指的是大规模在线开放课程，它采用开放式的网络教学模式，面向公众免费提供文学艺术、哲学历史、经管法学、语言学习等领域和各个专业的优质网络课程。目前，慕课的知名平台 Coursera 已经拥有 1415 万注册用户，并向全世界的学习者提供了 121 个合作院校开设的 1066 门课程。而中国大学慕课的课程由各校教务处统一管理，高校创建课程并指定负责课程的教师，教师制作并发布课程，所有教师都必须在高教社爱课程网实名认证。教师新制作一门慕课课程需要涉及课程选题、知识点设计、课程拍摄、录制剪辑等 9 个环节，课程发布后教师会参与论坛答疑解惑、批改作业等在线辅导，直到课程结束颁发证书。与网络孔子学院相比，慕课在影响范围和参与人数上都超过前者，究其原因，国内学者梁琳和胡仁友曾在《光明日报》上发表的《"慕课"与网络孔子学院》总结道，慕课更好地和互联网文化进行融合，真正成为一个适应互联网信息沟通的交流和共享平台，在引入先进技术的同时融入了"微课""课堂翻转"等新的学习理论和思想，并且更注重访问者的学习体验。而网络孔子学院虽借助了网络媒介这一新型媒介载体，但仍采用传统的"我讲你听"的传播模式，并没有得到网络环境下学习者的认同，其实归根结底，网络孔子学院存在的一个最大的问题，是没找到网络环境下适合自身特点的教学理念和思想。所以，网络孔子学院作为汉语国际传播的重要媒介平台，应该汲取相关行业经验，搭建一个真正适合自身发展和学习者需要的传播平台，以便更好地为汉语国际传播事业服务。

实际上，随着互联网技术的迅猛发展和广泛普及，传统汉语国际传播中的很多问题既面临着新的挑战，也有着化险为夷的机遇。因为多样化和数字化的传播媒介，使得传统老大难的"三教"问题有了根本性的解决方法，而数字媒介不断完善的强大传播功能使得语言文化的传播问题也有了更加清晰的解决思路。如今，国家大力支持和发展文化产业，这本身就是汉语国际传播所肩负的使命和任务。当依托数字化媒介进行汉语国际传播时，汉语国际传播的主体就不单单是国家汉办和学校，汉语国际传播的受众也不单单是主动学习汉语的外国人。例如，近几年影视剧市场火热发展，我们不仅广泛接触和学习了其他国家的语言和文化，也将汉语文化更加广泛地传播到了海内外，可以说是开始真正实现汉语的国际传播，而这一切都有赖于数字技术的兴起发展和广泛应用。

在新的时代背景下，我们必须意识到的一点是，汉语国际传播不再是一种有目的的教育性行为，而将成为一种以遵循受众需求为中心的服务行为。因此，我们不应强制推广中华语言和文化，而要顺势引导，即政府引导，市场推广。在一定程度上，汉语国际传播将通过与市场接轨而成为一种文化产业。正如目前中小学教育的产业化发展，通过在线教育提供的个性化学习服务，一方面，使教育成为一种文化产品，另一方面，学生也能根据自身的特点更好地学习。而数字媒介既是一个独立的平台产业，又是各行各业转型和发展的桥梁和渠道。数字媒介能让"因材施教"真正实现，即不同的数字媒介提供不同的学习方法和方式，从而为学生量身打造最佳的学习模式，使学生的学习效果达到最佳。现在汉语国际传播还未形成系统性的数字媒介传播体系，汉语国际传播的内容不应照搬传统课堂的教学内容，而应针对平台特点进行内容的整合与设计，所以应该先搭建多介质多平台的传播体系，再依托平台特色设计优质的个性化内容。

综上所述，对数字媒介在汉语国际传播中应用的今后发展，以及汉语国际传播进一步发展的方向可以初步制定以下策略：汉语国际传播者应基于新时代的互联网思维和新型媒介观，明确各种数字媒介的媒介特征，并充分借鉴相关行业经验，在国家汉办等相关机构的引导和指挥下，让汉语国际传播事业与市场需求接轨，从而利用多种数字媒介，建立以孔子学院为中心，联合与汉语国际传播相关的数字出版物、数字电视节目、综合门户网站、智能手机应用的五位一体的汉语国际传播综合体系。其中，孔子学院负责整合各种对外汉语资源和社会资源，并促使传统教学和传播模式与数字技术接轨。数字出版媒介负责重点打造精品数字学习资料，数字电视媒介负责重点打造宣传汉语国际传播事业的推广平台，网络媒介负责提供与汉语国际传播相关的多媒体信息服务功能和在线教育功能，手机媒介负责利用和开发适应移动学习新模式的各种对外汉语学习软件。

（三）加强汉语国际传播的民间交往

汉语国际传播主要是由政府来实施的，学校和媒体以宣传中国文化为己任，以树立中国形象为目标，但传播汉语不仅是政府的事，更是每一个中国人的职责，因此，不管是民间的组织还是个人都应当承担起传播汉语的责任。民间组织和个人都可以通过以下方式来扩展汉语的对外传播。

1.深化中国文化年

中国政府近年来与其他国家共同举办了各式各样的文化年，有中美文化年、中希文化年、中意文化年、中俄文化年、中印文化年、中韩文化年等。这些文化年的举办，有效地促进了汉语的海外传播，中国文化年不仅是汉语的世界巡演，而且是汉文化的世界传播。例如，在俄罗斯文化年中就提出了"阅读中国书，了解中国人"。没有汉语文化基础，阅读中国书、了解中国人是相当难的，在文化年上许多国家领导和政府官员参与汉语学习，对汉语传播起到了名人效应的作用。

这些年来，文化年在传播中国文化上成绩显著，文化年是中国文化的传播，也是汉语的传播。因此，中国文化年应深化语言的传播，让世界人民在认识中国语言的同时，深入理解中国文化。文化年为汉语走向世界开启了一扇大门，汉语言和文化从这里源源不断地走了出去。

以文化年为契机，不同国家的文化相聚在一起，既有文化的碰撞，又有语言的交流。中国文化年成功举办的事实说明，祖国强盛，综合国力增强，以语言为基础的文化事业蓬勃发展，才有可能在国外举办规模宏大的文化年活动，才能以更加积极主动的姿态开展对外文化交流，博大精深的中华文化也才能更好地为世界人民所认识和了解，在世界文化的百花苑中散发独特而恒久的馨香。

政府、企业、社会组织和个人虽然都是汉语国际传播主体，但在汉语传播的实践中有着本质的区别。政府的汉语传播是政府传播的跨国界部分，传播者代表国家进行传播，具有绝对的权威性。企业的汉语传播是商业行为，以营利为目的。社会组织的类型不同，传播汉语的目的也不同。个体的汉语传播具有隐匿性、分散性、随意性等特点，他们的影响力也因"体"而异。但在汉语传播中几者是相互作用、相互影响的，他们有着共同的目标，即传播汉语，传播文化。

对外汉语传播是复杂的事业，如何有效地进行对外汉语传播依然是值得深入探讨的，可根据传播的渠道分析，来寻找汉语对外传播的路径：汉语教学、媒体传播和民间传播是汉语对外传播的路径，在这三个路径中也有主次之分，对外汉语教学是汉语传播的核心，是对外汉语传播的先锋，媒体传播和民间传播是左右支撑，是两翼。如果把对外汉语传播比喻成塑造中国软实力的一艘旗舰的话，那么承载着中国文化的三位一体的旗舰，通过散播中国文化的种子，让中华文明在世界上遍地开花。

2. 进行以营利为目的的商业传播

通过民间商业化的渠道来帮助海外人士学习汉语，将会被证明是最有效率的，也是可持续的。在当今的经济社会，商业已经遍布每一个角落，中国经济的迅速发展，中国在世界各地经商贸易，中国广大的市场，加上中国悠久文化的吸引力，海外人士是非常乐意学习汉语的。同时，中国商业机构在海外，固然需要外语，但海外商人要与中国商人沟通，懂得汉语也是非常必要的，而且对海外商人也是有利的。海外对教授中文有需求，汉语的传播本身就成了商机。为了满足海外人士学习汉语的需求，在海外建立汉语培训机构，将是大有发展前途的文化产业。另外，国际商业行为本身对汉语的要求，将促进对外汉语的扩散。例如，中国商业组织的标识以及商品的包装设计，既蕴含汉语及文化的风格，又要适应外国人的习惯；商业会展既是产品的宣传，又是文字与文化的宣传。商业传播看似是无序的，但它遵循了市场经济的规则，而且遵循了文化传播的规律。

因此，商业机构一方面可以建立汉语培训机构，培养商业合作伙伴；另一方面可以做好本商业机构标识、产品的设计，在设计中蕴含汉语及文化。另外，中国商业机构要积极参与商业会展，在推销商品的同时，潜移默化地传播汉语。这些都是非常有效的办法。

3. 组织"国际汉语周"和民间盛会

举办语言周，在国际语言传播中有很多先例。世界各地"汉语周"的举办，可以让世界各族人民接触汉语、说汉语、领会汉语的魅力，是行之有效的办法。法国的"法语日"和"法语周"值得我们学习。我们的"普通话推广周"的举办可以作为成功的经验来借鉴。

民间国际盛会，如奥运会、世博会等国际活动，吸引世界各国人民来到中国，让他们认识中国、了解中国。每年都有成千上万的国际盛会，那是汉语传播的良机，我们不能简单地迎合，更要有独特的创新，在不同的盛会中展现中国语言与文化的魅力，那么一切民间盛会都将成为对外汉语的传播平台。特别是第三届世界汉语大会在中国的召开，许多国际学者参与了对外汉语的研究与传播，显然让这一话题更具学术性。

第二节　汉语现代国际传播概述

一、国内汉语国际教育传播的特点

国内汉语国际教育传播主要有三方面的特征。

第一，学生人数不断增长，除语言生外，攻读学位的学生也持续增多。1950 年，清华大学开设"中国语文专修班"，成为第一个从事对外汉语教学的专门机构，清华大学开设的"中国语文专修班"共招收 33 名东欧交换生在中国学习，正式开始了我国的对外汉语教学事业。20 世纪 50 年代到 70 年代，对外汉语教学事业经历了艰难的起步阶段。20 世纪 70 年代后期，中国实行改革开放政策，中外交流逐渐增多，来华学习汉语的外国留学生人数接近十万。之后政府进一步放宽政策，允许自费留学生在中国留学，学习汉语的学生人数进一步增多，从 1999 年开始，一直保持 20% 的增长势头，2005 年共有来自 190个国家的 14 多万留学生来中国学习。

教育部数据显示：2015 年共有来自 202 个国家和地区的 397635 名各类外国留学人员在 31 个省、自治区、直辖市的 811 所高等学校、科研院所和其他教学机构中学习。其中，亚洲、欧洲、非洲、美洲、大洋洲来华留学生的总人数分别为 240154、66746、49792、34934、6009 名。北京、上海、浙江位列吸引来华留学生人数省份前三位。各类外国留学人员比 2014 年的 377054 人增加20581 人，增幅为 5.46%。接收留学生的高等学校、科研院所和其他教学机构比 2014 年的 775 个增加 36 个。

2015 年在华接受学历教育的外国留学生为 184799 人，比 2014 年的164394 人增加 20405 人，同比增长 12.41%，继续保持 2008 年以来高于来华生总人数增速的态势。2015 年学历生人数占在华生总数的比例为 46.47%，其中研究生占在华生总数的比例为 13.47%，两项比例均较 2014 年有所上升，学历结构不断优化。

第二，国家越来越重视对外汉语教学的学科建设。20 世纪 70 年代末，对外汉语教学的学科地位得以确立。虽然汉语国际教育是一门年轻的学科，但深受国家重视，国家为其创造了便利的发展条件。国家教育委员会（简称国家教委）1989 年 5 月《关于印发〈全国对外汉语教学工作会议纪要〉的通知》一文中明确指出："发展对外汉语教学事业是一项国家和民族的事业。"1993 年国家教委发布的《中国教育改革和发展纲要》中进一步提出要"大力加强对外汉语教学工作"。为了协调各方面力量，加强对对外汉语教学工作的领导，1987 年 7 月，经国务院批准，由国家教委、外交部、文化部、国家语言文字工作委员会等政府部门和北京语言学院组成国家对外汉语教学领导小组，国家教委负责人任组长。日常工作由其常设机构"国家对外汉语教学领导小组办公室"（简称国家汉办）负责，第一任办公室主任为北京语言学院院长吕必松。之后，"世界汉语教学学会"成立，"汉语水平考试"开考，《中华人民共和国国家通用语言文字法》通过并施行，这些都进一步巩固了对外汉语教学的学科地位。2004 年，第一所"孔子学院"在首尔成立，更标志着对外汉语教育进一步走向世界，进入全新的发展阶段。

第三，高校积极配合国家工作，众多高校开设了对外汉语课程，甚至有不少学校针对留学生专门设立了汉语国际教育学院，迄今为止，有 100 多所高校设立了"汉语国际教育硕士专业学位"，针对留学生开展有别于汉语本体教育的对外汉语教育，在推广汉语教育的同时，也推广了汉语水平考试，即 HSK。目前，国内有 330 个 HSK 考点，分布于 71 个城市，HSK 成绩也成为各高校接收留学生的汉语水平评价标准之一。

二、汉语现代国际传播的基本特点

（一）对外汉语传播的动态性

汉语是发展的语言，既定汉语是历史的表现，对外汉语传播是动态的概念，随着社会现实的发展与变化，汉语自身也在不断地变化发展，这一种发展既是对历史的继承，又是时代的创新。在经济全球化背景下，科技迅速发展，国际交往频繁，汉语在自身的基础上，吸取世界语言的优势，在汉语的传播中有比较突出的表现。汉字是表现变化的符号，文字好比柴，汉语的传播交流就是在柴中添火。世界在燃烧，柴在变化，添火的方式也在变化。这种动态的变化，对传播者来说也是很难把握的。

（二）对外汉语传播的交互性

传播本身是双向互动的行为，传播活动得以真正实现需要传播者与接受者之间的有效沟通，这需要传播者的手段技巧、确定的传播内容、接受者对传播者与传播内容的理解。对传播内容的理解，由于所处的文化背景与交流环境，以及传播者和接受者个体的不同，必然有不一致性。对外汉语传播是汉语的既知者对不知者或者少知者的传播。由于所处的文化背景和交流环境不同，彼此理解是有一定困难的，这种困难因为彼此的交互理解得以解决，彼此的交互理解就对外汉语传播来说要做到和而不同，殊途同归。

（三）对外汉语传播方式的多样性

由于现代技术的发展，对外汉语传播不只是人际传播，而是在现代传媒的综合运用下的泛传播，通过不同的渠道、不同的媒介和不同的方式进行不停息的信息流放。传播的文本也是多样性的，可以是视听的，如影视；可以是纯文本的，如报刊书籍；可以是互动流媒体；可以是纯听觉的，如广播；也可以是人与人之间的交流传播。在信息化时代，汉语的传播成为立体的信息流动。为了实现有效的交流传播，汉语传播还有逆流性，传播者与接受者的互动影响甚至改变着传播的内容与方式。不管怎样，传播的方式是多样的，但对外汉语传播是围绕着人的传播，是以人为本的，只有围绕人才能真正实现传播的价值。

（四）语言与文化同时传播的复杂性

对外汉语传播的内容的复杂性，表现为汉语传播不仅是语言文字的传播，更是思想文化的传播。它包括语言文字的习得传播，具体来说包括汉字的拼音认读，汉字的书写，汉语的听、说、读、写，其中最为麻烦的是特定语境下对汉语的理解。汉语汉字的听、说、读、写关系已非常复杂，认读是理解的基础，汉语文化是理解与运用的先决条件，这几种关系是相互依存的，缺一不可，汉语承载的内容更是天下之大无所不包。对外汉语传播就是要把汉语与中国文化合二为一来传播，这是相当难的任务。如果脱离了文化传播汉语，就很难把握对汉语承载的思想文化的理解，也就失去了汉语国际传播的意义。

三、汉语国际教育短期传播效果分析

虽然汉语国际教育短期传播效果的分析是依据所建立的行为效果模式而设

置的，但为了更简单明了地对汉语国际教育传播的短期效果进行分析，按照传播者效果、传播过程效果和接受者效果三个方面，对调查结果进行进一步总结。其中"教育行为"和"教育输入"调查结果被划分为传播者效果，"教育激发力""教育吸收后果""教育现实"和"教育替代物"被划分为传播过程效果，"教育行为概率""演示行为"和"机会"被划分为接受者效果，但因为汉语国际教育传播是个相对复杂的过程，教师的身份特殊，可以在传播中充当传播者的身份，但教师所使用的语言、教师采用的教学方式又和传播媒介、传播途径、传播方式相联系，因此上述分类中有些部分会有交叉重叠。

就教育输入的结果而言，最好的传播者被认为是热情开朗，能和学生像朋友一样相处的教师，采用全汉语教学方式，就每个知识点进行 2～3 次练习，教师要善于发现学生的优点并进行表扬。最好的传播过程包括传播环境、传播内容和传播方式三个要素。接受者效果包括：大部分接受者希望能与中国人进行无障碍的交流；对于传播内容，大部分学生表现出高理解性；5～6 成学生对单词、课文和语法表现出高效记忆，2 成学生表现出低效果、低记忆性；对单词的活用程度明显高于对语法的活用程度；能灵活运用所学单词进行造句的学生近 6 成。

正如《汉语国际教育导论》所说，汉语国际教育的文化传播方式，现今主要是两种："一是在语言课之外另设专门的文化课，以讲解文化知识为主要目的，内容包括汉语词汇文化，中国文学、历史、哲学、文化技艺等；二是在语言课中融入文化教学，以交际文化为教学核心，目的在于帮助外国人顺利地与中国人交往，涉及问候、寒暄、请客、做客、寻求帮助、咨询意见、商贸洽谈等日常生活和工作的方方面面。"文化教学的最好方式是在语言课中遇到文化问题时进行展开讲解，这样既展现了中国文化融入中国人生活的一面，又能让接受者认识到学习中国文化的重要性，从而产生对中国的文化认同。在文化输入的输入结果方面，文化传播的传播者与语言传播的传播者类似：热情开朗且具有丰富文化知识的传播者、能和学生成为朋友的传播者更受接受者喜爱。传播过程同样包括传播环境、传播内容和传播方式三个要素。传播环境包括全汉语传播。接受者认为最好的传播内容和方式：图片和 PPT 是主要的传播辅助工具；让接受者亲自体验或用口述的方式进行文化传播；传播课的内容主要集中在茶道、剪纸、面具等传统文化内容上；专业领域文化和南北差异文化也有涉及。接受者传播效果则指出：大部分接受者只接受了 1 次文化传播，一部分接受了 1～3 次的文化传播。接受者表现出对中国更多方面的文化知识的了解愿望：主要是风土人情、城市、历史文化，中国音乐和中国明星也受到年轻学生的喜爱。

（一）汉语国际教育传播者效果分析

汉语国际教育传播有别于电视传播，主要在于传播者是汉语国际教育传播的关键。闻亭、常爱军、原绍锋在《国际汉语课堂管理》一书中对汉语国际传播者提出了四个要求：①建构性：激发学生强大的学习潜能，让他们主动学习。②综合性：在进行汉语国际教育传播时要考虑传播者、接受者、环境、规则等因素。③国际性：设计传播内容、传播方法时要考虑不同国家和地区的文化和国情。④创新性：传播要有创新思维，要丰富传播方法和传播途径。这四点要求一方面体现了传播者在汉语国际教育传播中具有主导作用，既要全面设计和精心选择传播环境、媒介、内容和方式，又要在设计时考虑接受者自身的情况；另一方面也体现了传播者自身还需要具备极高的素质和专业能力，不仅要对所教授的内容成竹在胸，而且要在传播时调动氛围，激发学生的学习激情。

就调查结果而言，不论是单纯的语言教育传播还是文化传播，学生都更喜欢"像朋友一样的老师"和"亲切的老师"，这样的传播者更利于他们接受所传播的知识。这就要求传播者在进行传播时要调整好自己的情绪，对接受者呈现出亲切耐心的态度，对接受者发脾气的传播者会加重接受者的抗拒心理，使其主动排斥，不愿意对"刺激"进行"反应"。

在汉语国际教育传播中，传播者在对接受者进行传播的同时还要对接受者进行管理，这种管理不仅体现在课堂规则的制定上，还包括课堂上接受者是否能完成指定任务，能否在接受传播"刺激"后及时进行模仿"反应"以及课后作业的完成程度等。就调查结果而言，在对教师布置作业的态度上，大部分学生认为对学习很有帮助，会认真完成，有时会做或从来不做的学生非常少，这也表现出传播者对接受者管理的有效性。传播者对接受者的管理主要应注意两点：一是接受者的语言水平。学习汉语半年以上的学生，一般都有一定的汉语基础，因此他们对语音规则的学习显然不感兴趣，而更多地倾向于发音纠正、单词记忆和语法学习等实践。传播者要对接受者的语言水平有基本的了解，才能更好地组织自己的教学传播。二是依据制定的规则进行管理。规则是传播者和接受者之间约定俗成的，一旦建立就具有一定的效力，既包括接受者要遵守课堂纪律、完成作业，又包括传播者在接受者给予正确"反应"的回馈后应当给接受者适当的鼓励，因为不论教师对每个学生都表扬还是只表扬成绩好的学生，大部分学生都认为对自己有用。

（二）汉语国际教育传播过程效果分析

传播过程相对复杂，主要包括传播环境、传播内容、传播方式等。课堂作为第一传播环境要考虑物理环境和语言环境两种因素。所谓物理环境，包括教室的明亮程度，教室里是否有关于汉语传播的辅助性工具，以及进行传播前用以吸引传播者注意力的道具等。

调查结果显示，习题是学生最喜欢的教学道具，其原因可能是学生可以通过习题更准确地理解汉语复杂的语法。其次是多媒体，图片、卡片和话题准备等分配型教具更有利于接受，既能吸引学生的注意力，又能给学生一定的任务。在最喜欢的教材类型中，综合性教材和语言技能类教材占有绝对优势，学生最不喜欢的是写作指导类教材，但 HSK 六级考试中写作占有较大比例，如何更加灵活有趣地利用写作教材对于传播者是一个挑战。

文化传播的环境相对复杂一点，接受者的亲自参与非常重要，因为实践出真知，接受者只有亲自参与文化活动才能更好地理解中国文化；对于教授者不能亲自参与的文化项目，大部分传播者都采取了图片、PPT、影像资料等展示形式，这种方式比起呆板地口述更加形象生动，但是要注意所选取的影像资料的难易程度要合适，不应太难，否则不利于语言学习者接受。

对于语言环境，更重要的是根据接受者的需要，创造能促进他们接受的语言环境。虽然大部分学者认为儿童习得语言的过程非常具有借鉴意义，但在特定课堂的传播环境中，接受者只有有限的时间，如何有效利用这短暂的时间增强传播效果对于每一个传播者都是一种挑战。就调查结果而言，接受者更喜欢将第二外语作为纯传播语言的传播环境。不仅是语言，接受者还更喜欢符合生活实际、具有实用性的语言环境，因为这样的语言环境更能激发他们学习的兴趣，在平时生活中反复利用也有助于接受者主动模仿。

就传播内容而言，语言教育传播不能忽视接受者的主观需求，即传播内容要具有实用价值，能在实际生活中运用，能反复模仿。文化传播内容过于千篇一律的现状和接受者渴望了解的文化内容相差太大，例如，茶道、剪纸、面具一类象征意义传播活动太多，只注重形式模仿而不注重解释其实质内涵。学生更渴望多方面了解中国文化，包括建筑艺术、城市、风土人情等。另外，社会交际文化在文化传播中几乎没有涉及，对中国的交际文化了解不足会给留学生在中国的生活带来不便，会使他们对中国人产生误解并出现交往障碍。很多留学生反映和中国学生见面常常没有话说，不知道该聊些什么。事实上，文化传播可以作为语言教育的辅助，加强留学生对中国的了解，引起他们继续学习语言的兴趣，但是就目前的文化传播调查结果来看，并没有这样的作用。

在中国传统的教学方式中，一直很重视背诵课文的作用。但调查结果显示，大部分接受调查的学生表示非常讨厌背诵课文这种形式。传播方式和接受者的意愿背道而驰，当然不能让接受者对"刺激"进行"反应"。但是，站在传播者的立场上看，传播者主观认为背诵课文是有利于接受者学习的，这就需要传播者和接受者之间达成共识，让接受者认识到背诵课文对汉语学习的好处；同时，丰富背诵课文的形式，让背诵课文的过程更加有趣，从而让接受者主动参与到背诵课文的传播活动之中。此外，文化传播的形式也相对单一，文化活动课的开展很难长时间吸引接受者的注意力，应该更多地考虑在平时的教学中多融合文化传播，尤其是交际文化。交际文化是语言教育中不可分割的一部分，缺乏交际文化的语言教育是没有意义的。

（三）汉语国际教育接受者效果分析

汉语国际教育传播有别于电视传播的另一点在于汉语国际教育的接受者是特定的，而电视传播的接受者是随机的。有特定传播者的传播比随机传播更有针对性，接受者在接受"刺激"后的"反应"也更迅速及时。汉语国际教育的接受者具有自主模仿力，只要传播者理解接受者的需求并给予适当刺激，就会更有效地得到传播者所需要的"反应"。正如美国教学专家库玛教授所提出的，第二语言教学要正视传播者的"特殊性"、教学传播内容的"实践性"和语言传播给接受者带来的"可能性"，所以传播者在进行传播时不能忽视接受者自身的特殊性和对传播内容"实践"的要求，也不能忽视他们试图通过语言学习拓展自身"可能"的要求。

调查结果显示，留学生中喜欢记笔记的占有20.9%，喜欢做习题或回答课本问题的占有26.9%，喜欢小组讨论的占有22.4%，喜欢游戏或比赛的占有20.3%。对此调查结果进行分析，这和本次调查对象多为韩国留学生有很大关系，因为就韩国学生的性格和固有的学习方式而言，韩国学生从中学时代就开始接受尊重长辈的教育，这种教育包括上课的时候对于教师的教育不能提出意见，因此，从中学时代开始，韩国学生养成了安静上课，努力记笔记的习惯。这种性格延续到现在的汉语学习中，造成他们上课时害羞，不乐于表达，不喜欢回答教师的问题，喜欢埋头记笔记或是做练习题的行为习惯。但是韩国学生并不排斥教学中游戏或比赛的方式，这有利于活跃课堂气氛，可以帮助他们更加深刻地记忆学习内容。

另外，不能忽视接受者对传播内容的要求。留学生普遍希望所学内容有助于他们进行日常对话，关注课本教材是否符合实际生活以及是否对他们的日常沟通有所帮助，接受者虽然不会直接表达对这些传播内容的要求，但是"实用性"是他们主动进行模仿的前提和进行"反应"的内在心理动因。同时，学分需求也是留学生的一个特征，因此他们更喜欢相对轻松的话题口试和基于教材的闭卷笔试。传播者如果善于利用接受者的这些需求特征，在平时的传播过程中善于引导的话，应该会得到更好的传播效果。

第二外语的学习者和传播接受者，其自身文化背景和文化氛围与新接触到的文化氛围必然会产生冲突，在文化传播中，大部分接受者认为通过文化传播加深了对中国的理解，改变了对中国的看法。在与留学生的交流中，不少留学生表示希望能够在中国就业。这些接受者的反馈体现出文化传播的主要意义。所以，今后的文化传播更应该考虑从接受者自身需求出发，加强文化的相互理解和相互尊重，合理安排课程内容，提升接受者对文化传播的兴趣。

第三节　来华留学生的构成特点与影响因素

一、来华留学生的构成特点

（一）以短期进修为主

从全国留学生总体情况来看，来华攻读学位的学历生有所增加，但仍然以短期进修生为主。在中国大学学习的大部分留学生是短期语言进修生，近年来虽然攻读学位的学生比例有所增长，但是并没有实质性的改变。

（二）以学习语言为主

从专业构成来看，留学生的学习专业有所丰富，但仍以汉语学习为主。无论是短期进修生还是学位生，所学的专业主要集中在汉语和中国文学方面，主要专业有对外汉语、汉语言文学、现代汉语、古代汉语、语言及应用语言学，这些专业中的留学生占留学生总数的 85% 以上。

（三）有中国情怀

来华留学生的中国情怀是指来华留学生在中国学习和生活过程中所形成的一种热爱中国和中华民族的精神品质。作为一种积极的情感态度，其主要的外在表现有：来华留学生对中国人的亲近感、对中国社会的归属感以及对中国发展的责任感。

1. 来华留学生中国情怀的外在表现

（1）对中国人的亲近感

来华留学生对中国人的亲近感是在他们对中国的传统文化、人文环境、社会价值、政治制度的了解与认知以及与中国人之间的良好交流的基础上形成一种积极的情感。

从本质上说，来华留学生对中国人的亲近感除了继承某种先天性的东西外，更多要靠后天的努力来培养。来华留学生对中国人的亲近感是来华留学生对中国以及中国人的良好文化素养、深厚的文化底蕴、和谐的人际关系等元素表达认同的一种积极的情绪情感表现，它有利于消除来华留学生因不同生活背景而产生的文化差异，也有利于打破固有的人文沟通障碍。

具有中国情怀的来华留学生的亲近感主要表现为：能够克服跨文化交流的不适，喜欢与中国人交朋友，在中国拥有自己的中外"朋友圈"；能够认可中国的传统文化和风俗习惯，会和中国人一起度过传统节日；能够接受中国的一些人和事，接受并接纳中国最普通民众的价值观，真正融入中国社会；不管是在中国学习期间还是在学成归国期间，都会关注中国的新变化以及保持对中国的良好印象等。一个具有亲近感的来华留学生，每天都会以自信乐观、积极向上的心态去面对遇到的中国人，这同样会感染中国人，使中外学生能够相互促进，进而增加中国人对来华留学生的亲近感和信任感。良好的亲近感不仅可以拉近来华留学生与中国人民之间的距离，还可以营造一种友善、和谐的交流氛围，这对增进中外友谊具有潜移默化的作用。

（2）对中国社会的归属感

来华留学生对中国社会的归属感是其在中国学习和生活过程中感知到自己能够融入中国的文化和社会生活中并被所在群体、组织所欢迎、接纳、支持、尊重，从而形成的一种积极的情感，是使来华留学生感知自己能够成为集体中一分子的一种心理状态，是一种心理认同程度。来华留学生归属感的形成有利于促进来华留学生与中国以及中国人民建立一种积极的内在联系，强烈的归属感会使来华留学生接受、认可所在的班集体和所留学的高校，从而自觉遵守班级、学校的行为规范，并在其规范下，使自己更好地适应所在班级和学校，努力学习，舒心生活；会使来华留学生积极参加学校和班级组织的各项活动，打造属于自己的中外学生朋友圈，营造良好的学习生活氛围，促使自己克服文化适应困难，得到中国同学、老师的认可；会使来华留学生感受到自己是被所在班级、学校所接受和支持的集体一分子，充分地信任自己所在的院校，即便遭遇挫折，也会主动向所在院校或地区寻求帮助，相信同学、老师和学校会支持自己；会使来华留学生感觉到自己是所在地区或中国的一分子，将中国视作自己的第二故乡，认为自己有责任与中国荣辱与共，有义务担负起该承担的责任，从而产生强烈的集体责任感。

（3）对中国发展的责任感

来华留学生对中国发展的责任感是建立在他们对中国的归属感基础上认识过程、情感过程和意志行为过程的统一，是来华留学生对所在组织、地域、中国人民以及助力中国发展主动施以积极有益作用的一种精神。来华留学生对中国发展的责任感是个体内化形成的行为规范，也是其对中国发展所产生的主观意识状态，体现了来华留学生受到中国文化滋养后形成的全新的世界观、人生观、价值观等文化特征，以及来华留学生全新的心态、行事风格、日常习惯、道德等行为特征，这是来华留学生具有中国情怀的重要标准。来华留学生对中国发展的责任感作为一种主观意识状态和情感体验，在不同的历史时期、不同的社会制度下、不同的文化背景中，有着不同的内容和表现。具有责任感的来华留学生会在国际上自觉承担起帮助中国、宣传中国、支持中国发展的义务与责任；不论是在留学期间还是归国期间，都会尽力帮助身边有需要的中国人；在其祖国，会自觉宣传中国的优秀文化或发展成就，会主动地维护中国的国际形象，向身边的亲朋好友解释他们对中国的一些误解，反对诋毁中国的人和事；会自觉帮助搭建起中外沟通的桥梁，推动中国文化在世界上正面积极的传播，自觉为中国发展贡献自己的力量。

2. 来华留学生中国情怀的基本特征

来华留学生中国情怀的内涵十分丰富，涵盖热爱中国和中国人民的多个方面，同时具有鲜明的特征。来华留学生中国情怀作为一种具有稳定心理倾向的精神品质，其鲜明特征主要包括稳定性、社会性和指向性。

（1）稳定性

来华留学生中国情怀作为来华留学生热爱中国和中国人民的一种精神品质，是一种由情感、认知和行为三者所构成的综合体，其本质上是外国人中的群体或个体所具有的一种态度，一种稳定的心理倾向。来华留学生中国情怀作为一种包含积极情感的精神品质并非偶然突发的，其在形成和发展的过程中经历了来华留学生对中国的文化认同、民族认同、政治认同、价值认同等，是在长期的认知过程中和对中国深深热爱的基础上产生的情感状态，因为有扎实清晰的认知过程作为基础，较之于情绪更为持久，必定有跨情境、跨时间的稳定性，而且来华留学生中国情怀通常是由所处的中国环境所引起的、稳定性较强的、具有深刻社会意义的高级感受状态，一旦形成就具有能够抵抗外界压力的能力，且持续的时间较长，不会受到外在因素的影响而被轻易转移和消除。

（2）社会性

来华留学生中国情怀作为来华留学生热爱中国和中国人民的一种精神品质，同样也具有社会性的属性，具体是指来华留学生在中国学习和生活过程中，产生的认知和情感都是在不断地与中国同学、中国老师以及中国民众接触中以及和所处的学校、地域等发生的相互作用中形成的，都来自主体的社会活动和社会内容，都包含中国当时的社会属性。

来华留学生身处中国的社会环境下，接受中国的社会习俗、文化环境以及中华民族的行为模式，接受中华民族价值观念的教化，认同中国社会文明，适应中国社会生活，在发展自己的过程中，积极学习知识、技能和规范。这使来华留学生中国情怀在社会活动中不断得到修正与发展，来华留学生也成为个性化、文明化、价值化、角色化的社会成员，同时融入中国社会，融入中华民族群体，适应中国社会环境并积极参与社会生活，随着中国社会的发展而发展，履行相应的社会责任。

（3）指向性

来华留学生中国情怀作为来华留学生热爱中国和中国人民的一种精神品质，是来华留学生深深热爱中国及中华民族的一种态度，具有明确的指向性。指向性是指中国情怀具有具体的态度对象，是针对某一件事或某一观念而言的，是事物与事物之间普遍具有的互为对象、彼此共在的一种属性。来华留学生中国情怀的主体对象和客体对象都很明确，来华留学生中国情怀是其他国家的公民对中国热爱的一种精神品质，其主体是情感态度的输出端，即外国人或来华留学生。中国情怀的客体是情感态度的接收端，来华留学生的中国情怀情感指向中国、中华民族以及中国人民，对中国、中国人以及中国事务都有着深深的热爱之情。

二、影响来华留学生构成的因素

（一）国际社会因素

留学活动虽然自古就有，但直到第二次世界大战结束，才掀起了世界各国留学活动的高潮。世界经济全球化、集团化的趋势要求有越来越多的国际化人才，这就要求教育培养和造就一大批国与国之间的传播者和合作者。今天，我们都生活在高度全球化的经济环境中，要在这种环境中取得成功，必须给自己一种能够快速有效地应对挑战和机遇的教育，这种教育需要国际化。

（二）文化历史因素

在来华留学的学生群体中，最大的群体是来自韩国、日本和东南亚的留学生，与中国有着历史渊源的国家的留学生人数占多数。中国文化曾长期居于世界先进文化之列，并通过多种方式传播到朝鲜、日本、越南、中亚、阿拉伯和欧洲，不同程度地影响了当地的文化发展和人们的社会生活。在中国历代王朝的首都，常常聚集着众多的留学生，他们来自不同的民族和地区，承担着学习和传播汉文化的重任。在过去东亚的汉文化圈中，中国是汉文化的中心，因此中国也成了吸纳留学生的中心以及汉文化教育的输出基地。

第四节　发展来华留学生教育的意义

一、发展来华留学生教育的价值分析

（一）丰富跨文化适应理论研究

跨文化适应理论起源于 20 世纪 30 年代的美国，始于人类学，发展于社会学，鼎盛于心理学，推动了国际跨文化交际的迅速发展。如今，国际学生流动逐渐频繁，教育学领域也逐渐引入了文化适应理论。诚然，不可避免的是从社会学、心理学和人类学视角出发的理论研究较为成熟，如著名的 U 型曲线模型、W 曲线模型、边际模型等，而从教育学视角出发的理论研究在深度与广度上明显较为薄弱，多数研究理论从用于移民的多民族融合迁移到留学生跨文化适应上，缺少在课堂教学场域下，真正贴合留学生实际教学文化适应的理论基础。

（二）提高院校国际教育的质量

来华留学生由于各自教育、文化传统与中国的教育文化体系存在较大差异，难以适应中国的课堂，产生了不少教学适应问题，导致适应效果不佳和学习质量下降。长此以往，会导致学生心理不自信、厌学，也会造成中国教育资源的浪费。所以，从学生的层面来讲，为了帮助更多的来华留学生更好地适应中国的教学文化，应切实深入课堂和学生群体来了解留学生的难处，并从教学管理上帮助留学生尽快适应中国课堂，提高学习质量，让留学生能够很好地掌握中国教师教授的知识；从院校层面来讲，应努力保障来华留学生的教育质量，提高中国高校的国际教育水平。

（三）树立良好的国际教育形象

良好的国际教育形象是一张涉及政治、经济和文化发展利益的国际外交名片。维护好中国的国际教育形象，离不开国际教育合作与交流的深化与发展。只有切实增强来华留学生教育的竞争力，才能真正维护中国的国际教育形象，而提高教育竞争力和吸引力需要强有力的教育管理策略的支持。因此，为了深入研究高校来华留学生的教学文化适应及教学管理中存在的问题，并提供有效、可靠的管理策略着力解决来华留学生面临的适应和管理问题，必须积极发展来华留学生教育，增强来华留学生的国际竞争力，在树立良好的国际教育形象的同时，增强中国的政治、经济和文化外交实力。

二、来华留学生教育培养模式的完善

随着我国高等教育逐渐与世界接轨，以及教育思想的变革和教学改革的深化，我国来华留学生培养目标的内涵和培养教育模式必将不断地进行充实和改革。

（一）留学政策

1. 创造宽松的留学政策环境

对于一些已经出现但还没有政策法律依据的现象，如校外社会住宿、勤工助学等，在情理范围内，又有国际先例，应考虑发展趋势，制定相对宽松的政策，进一步放宽条件，简化手续。否则，就会成为制约来华留学生教育事业发展的瓶颈。可以考虑将自费生的审批权从地方政府部门下放到高校并严加管理，这样既简化了手续，又节省了时间，提高了效率，还使政府部门摆脱了大量事务性工作，能够做一些深入细致的理论研究工作。所以，政策制定部门要解放思想，分清主次，全面辩证地看待来华留学生教育发展所遇到的问题，尽量创造宽松的政策环境，促进来华留学生教育事业的健康发展。

2. 排除来华学生留学障碍

扎实的汉语基础知识和较好的听、说、读、写能力是保证来华留学生顺利入学、正式注册和开始专业学习的前提。虽然我国高校专门开设了一些将英语作为教学及考试语言的专业课程，但是，掌握充足的汉语仍是来华留学生成功完成学业的基础。所以，如何排除来华留学生的语言障碍，消除他们的后顾之忧是我国政府及教育界应该关心的一个基本问题。

关于这方面问题，可以从政府方面入手，也可以借鉴美国的留学条件，建立一定的语言考核机制，只有通过相关方面的考试，取得一定的成绩，才允许来华留学生进入中国学习，这样在一定程度上可以减少来华留学生在语言方面的障碍。

3. 为来华留学生开辟绿色通道

为了解决来华留学生的语言问题，我国高校可以借鉴国外发达国家的经验，通过开设一些可以用英语授课的国际性专业，使来华留学生在短期内适应留学生活。此外，还可以允许来华留学生根据自己的情况，自愿申请转换自己喜欢的专业，以及延长自己的学习期限。

此外，我国高校可以鼓励来华留学生通过勤工俭学，获得一定收入，这样来华留学生一方面可以补贴自己的学费和生活费，另一方面可以进一步了解中国的风土人情。总之，我国政府和高校应尽可能地为来华留学生开辟更多的绿色通道，从而吸引更多的外国学生来到我国学习和生活。

（二）教育环境

教育环境从来华留学生的培养模式和师资队伍建设两方面进行完善。

1. 培养模式

（1）培养目标

来华留学生的培养目标可分为三个层次。

首先是基础层次，即提高来华留学生的自身价值，以及应对未来社会竞争的能力。通过对来华留学生的认知能力和情商的培养，充分发掘他们的自我认知能力，从而提高来华留学生在社会上的实践能力。

其次是精神层次，即传承中国优秀传统文化，弘扬民族精神。民族精神是一个民族、一个国家生命力、凝聚力和创造力的源泉。教育培养来华留学生精神层次的目标就是通过对来华留学生的培养传播中国的传统文化，发展国际民族交流，增进彼此的友谊，从而加深中国和世界各国人民的理解和信赖，促使更多的国际进步人士和正义的世界人民了解我国，促使更多的人了解我国改革开放的辉煌成就和安定团结的政治局面，促使我国进一步拓展外部政治空间，最终达到巩固和发展我国社会主义事业的目的。

最后是终极层次，即促使来华留学生融入旅居地并为当地经济建设服务。基于经济全球化、政治多极化、文化多元化、信息网络化的发展趋势，通过对来华留学生的教育培养，促进汉语的推广，弘扬民族精神，实现中华文化的传扬、创新和再造，从而促使来华留学生融入旅居地并为当地经济建设服务。

（2）非学历来华留学生的培养模式

根据非学历来华留学生学习时间的长短，将非学历来华留学生分为长期语言生和短期语言生。一般情况下，长期语言生是指来华留学生的学习时间在半年以上，两年以下；而短期语言生是指来华留学生的学习时间在半年以下，甚至只有几个星期。

对于长期语言生来说，学习的目的性很强，他们的学习目的就是为今后的继续深造学习或工作打下基础。例如，有的来华留学生准备继续本科、硕士或博士的深造，或者有的来华留学生可能准备从事与汉语相关的工作。

经过多年来的发展，我国针对长期语言生的培养模式已经较为统一和规范，但是，各个学校还是存在一定的差异。一般来说，比较通行的培养模式如下：首先，通过汉语水平测试，将来华留学生分为初级汉语、中级汉语和高级汉语三个级别来组织教学，从而准确把握来华留学生的实际汉语水平；其次，在学习期间，开设大量的语言类课程，并且为来华留学生汉语水平考试专门开设一些辅导课程，从而大大提高来华留学生的汉语水平。

此外，基于长期语言生的学习目的和培养方式，建议高校尝试把长期语言生纳入本科的教学管理，为更多语言生继续学习深造创造一定的条件。根据本科一、二年级的教学计划来设置长期语言生的课程，如果他们能顺利通过各门的考试，可以允许他们继续在本校进行专业学习，并可以取得本科生学籍，从而把语言进修和专业学习有机地连接起来。

与长期语言生相比，短期语言生的学习目的只有一个，就是通过对汉语言的学习了解中国，了解中国的风土人情。根据短期语言生的汉语掌握水平，可以进一步将其分为初学者和具有一定基础的留学生。针对初学者的学习目的和汉语水平，他们的培养重点是让来华留学生在较短的时间内提高自己的语言交际能力。因此，对于初学者来说，所设置的课程应主要培养他们的语言技能，强化他们的听说能力，学习内容应贴近留学生的学习和生活，培养他们对汉语的兴趣；而对于具有一定基础的来华留学生，可以根据学习人数及其汉语水平，进行单独开班或者将他们编入初级、中级或高级班进行插班学习。此外，还可以根据留学生的汉语水平和需求，开设一些与中国传统文化和国情相关的课程，培养他们的学习兴趣，拓展他们的语言和综合知识。

（3）学历留学生的培养模式

学历留学生是指在我国接受专科、本科、硕士和博士学历教育的留学生。

根据学历留学生学科专业的不同，将学历留学生分为汉语言专业的留学生和其他专业的留学生。一般情况下，国外发达国家的学历留学生占绝大多数，而我国的学历留学生仅占 30% 左右。这主要是因为目前我国高校对于学历留学生的培养还是按照我国学生的培养模式进行，没有针对性和创新性，因此，下面将针对上述两种类型学历留学生的培养模式进行深入的研究和探讨。

对于汉语言专业的留学生，我国目前有两种培养模式：第一种模式是 1＋4 模式。来华留学生只有通过语言阶段的学习，汉语水平考试的成绩达到 6 级以上，才能够进入专业阶段的学习。采用这种培养模式，来华留学生至少需要五年时间才能够获得本科学历。第二种模式是 1＋3 或 2＋2 模式。采用这种培养模式，来华留学生就可以不用通过语言阶段的学习，直接进入专业阶段的学习。第二种培养模式可以节省来华留学生的学习时间，还可以节省一定的费用，更符合来华留学生的实际需求，也可以吸引更多的留学生来中国学习。

针对其他专业学历留学生的培养模式，最重要的是要考虑留学生的汉语水平是否能够应付专业的学习。在不延长学习时间的情况下，应在中国学生培养模式的基础上，给他们专门开设一些汉语类课程，从而提高他们的汉语水平，为他们的专业学习清除语言障碍。另外，根据教育部的有关规定，来华留学生可以免修政治思想、军训和国防教育等方面的课程，这样就可以为来华留学生开设一些与中国国情和历史文化相关的选修课程，从而完善留学生的知识结构。此外，针对一些语言无障碍，但是专业学习仍有困难的留学生可以开设一些专业辅导课程，从而强化他们的学习基础，培养他们的学习兴趣。

2. 师资队伍建设

留学生师资队伍的建设首先要明确建设方向。现在很多高校在留学生师资队伍的建设上都比较注重外语教师队伍的建设，却忽视了汉语教师队伍的培养。从我国高校的实际情况来看，我们很多的专业，如汉语言文学、中医等，最好的教学方式还是采用汉语教学，因为这些专业与汉语有着密不可分的联系，许多中国的成语、典故等都是用古汉语写的，而且许多专业术语等，很难用外语准确表达其中的意思。因此，关于留学生师资队伍的建设，应该充分重视汉语教师的培养和利用。

此外，留学生师资队伍的建设还要注重培养教师的素质。教师素质的高低也影响着教学水平的高低。一般来说，一名留学生教师的素质应该包括以下几部分：其一，留学生教师要有高尚的职业道德。高尚的职业道德是一名合格教师的灵魂，对于留学生教师更是如此，明确教师真正的含义，教师才能用心去与学生交流，才能有耐心地教授留学生，才能更好地完成自己的工作，因此，在对留学生教师的培训中要明确教师的职责和义务，明确教师工作的方式方法，让教师为教育教学工作做出自己的贡献。其二，精湛的专业知识是留学生教师的根本。现在是一个日新月异的时代，知识更新的速度逐渐加快，留学生教师必须不断扩充专业知识，紧跟时代发展的步伐，及时了解专业相关领域最新进展以及先进知识，不断增加课堂的信息量，从而将最新的知识和信息及时地传递给学生。其三，扎实的教育能力素质是教师必须具备的基本素质。教育能力素质包括基本的教育教学技能和教育理论修养，要求教师能够综合运用多种教育教学方法指导和启发学生学习。其四，留学生教师还应具备基本的语言能力素质。语言是最主要的教学媒介，对于留学生教师来说更是如此，师生之间语言的理解程度直接制约着教育效果的发挥。因此，留学生教师应使用简洁明了的语言，使用语言要准确、规范，必要时可以配用一些道具来帮助学生理解。留学生教师的素质包括以上四部分，高校应该充分明确，加强师资队伍的培养和建设，明确方向，通过相关的教师培训机构，不断开展教师培训活动，从而保证留学生教育师资队伍的高效性和先进性。

（三）后勤服务

1. 经济支持

从我国留学生的洲别统计情况来看，我国大部分留学生来自亚洲，比重在60%以上，而在这其中，自费生的比重高达95%。针对这种自费生比较多、学生经济负担比较重的情况，高校应该考虑通过制定一些经济支持政策，来帮助困难的来华留学生完成学业，达到吸引世界各国优秀人才的目的。

（1）奖学金方面的支持

国际上各个国家为了促进留学生教育的发展而普遍采用的一种做法是设立奖学金，提供各种各样的经济资助，这种做法同样适用于我国高校留学生的教育，对于吸引留学生一样有作用。现在，我国设立的奖学金项目主要包括中国政府专项奖学金和中国政府奖学金。中国政府专项奖学金主要有汉语水平考试优胜者奖学金、长城奖学金、外国汉语教师短期研修奖学金等。我国设立的奖学金的种类比较少，并且发放的标准比较低，因此，对于来华留学生的吸引力在国际上来说也就比较小。

我国政府设立奖学金的经费有限，而且来华留学生获得奖学金的比例比较低，因此，在一定程度上，对于部分来华留学生的学习或者学习时间就起到了一定的限制作用。所以，从这方面考虑，地方政府可以和高校共同出资，与国际上其他的州、省或大学进行联合办学，或者是共同开发教学项目，这样既可以减轻国家的经济负担，又可以吸引一定数量的留学生来我国学习。此外，我国正发生着日新月异的变化，而且经济蓬勃发展，这对许多跨国公司来说吸引力也越来越大，越来越多的跨国企业来到中国进行投资建厂，而这一点也越来越吸引来华留学生，准备在中国学成后留在这里继续发展。所以，从这方面着手，我国政府可以出台相关的政策法规，加强对跨国公司的宣传，鼓励跨国公司、外资企业在高校设立相应的企业奖学金，完善并简化来华留学生在我国工作的审批程序，对高校培养国际化优秀人才起到支持的作用。

（2）勤工助学和福利住房方面的支持

我国高等院校对于勤工助学的对象、条件、范围、程序和要求等内容应当尽快制定明确的规定。我国高校应该充分考虑来华留学生的经济情况，允许来华留学生在学校内外进行勤工助学，学校也应该尽可能地为他们提供各类勤工助学的机会，例如，可以担任图书馆的管理员、电子信息馆的管理员等，并且，还应该为来华留学生提供一些与勤工助学相关的信息。但是，勤工助学应有明确规定。持"F"签证的短期进修生、实习生或访问学者不能从事勤工助学，持"X"签证的来华留学生可以从事勤工俭学；勤工助学的条件是严格禁止来华留学生因打工耽误学业或者放弃学业，在条件允许的情况下，外国留学生可利用业余时间有条件地打工；勤工助学的范围是严格禁止来华留学生从事餐饮、娱乐服务行业等劳务工作，只允许来华留学生利用和发挥自己的特长，从事我国政策法规所允许的行业；留学生如需参加勤工助学，首先必须向学校呈报书面申请，再经劳动和社会保障部门、公安机关出入境管理等相关部门审批通过后，签发劳动许可证件，方可允许其勤工助学。此外，我国高等院校还应该为来华留学生设立留学生公寓或者一般的学生公寓，住宿费一般应为社会房租的五分之一到三分之一，从而减少来华留学生住宿的困难。

（3）社会医疗保险方面的支持

我国有关部门应该针对来华留学生的医疗保险工作重新进行思考，开阔视野，使来华留学生医疗保险体系更加完善。目前，在我国保险业中，来华留学生的保险工作仍处于起步阶段，熟悉来华留学生保险业务的人员很少。但是，完善和健全我国的留学生保险体系，应该在每个方面着眼于为来华留学生服务，使其逐步完善与规范。对我国国情的不了解和语言障碍使部分留学生与保险业务员沟通不畅，自己的合法权益不能得到保护。留学生是我国与世界各国联系的使者，只有让他们了解中国，才能促进中国各项事业的发展。相关部门应该针对当前关于来华留学生硬性投保法律依据不足的问题，结合我国民法通则和保险法的相关规定，结合实际情况制定关于来华留学生保险工作的具体实施细则，形成一整套科学合理的保险制度，切实保障留学生的合法权益。

在参加社会医疗保险后，来华留学生就医可以只支付一定比例的医疗费用，从而减轻来华留学生的经济负担。另外，学校设有的校医院，还可以对来华留学生的一些小病进行免费治疗，消除来华留学生的后顾之忧。

2. 课余生活

课余生活对于来华留学生来说非常必要，一方面，对于初到中国的学生来说，高校通过组织课余活动，可以帮助初次来华的留学生尽快适应新的环境，很好地应对因在陌生环境里而出现的心理、情绪和行为方面的异常变化；另一方面，对于来中国有一定时间的留学生来说，高校组织的课余活动可以帮助他们缓解那种因长时间从事同样的工作而在心理上不能承受的精神压力。高校应建设"一元主导，多元交融"的校园文化，对于来华留学生的课余生活可以从两方面进行安排，一方面倡导以中国传统文化为基础的课余生活，另一方面可以开展一些以他们的特殊文化为背景的课余活动。

第一，高校可以立足中华传统文化，开展丰富多彩、积极向上的课余活动。这方面的课余活动有很多，例如，在中国传统的节假日里，高校可以举办汉语能力竞赛、诗词吟诵、饮食烹调、服饰展演等活动，从而加深来华留学生对中华传统文化的认识，强化他们的民族意识；也可以鼓励来华留学生积极参加学校组织的各种活动，如运动会、小型学术会等，从而营造良好的学习和生活氛围；还可以鼓励来华留学生积极参加本校学生组织的各种社团活动，从而丰富他们的课余文化生活等。

第二，高校应尊重异域文化，充分考虑来华留学生的文化背景，积极为他们开展他们本国的文化活动，并支持他们举办自己的特色文化活动，这样既可以加强文化交流，解决文化冲突，又可以促进本校学生了解国外文化，促进校园和谐发展。这方面的活动也有很多，例如，高校可以根据各国来华留学生的文化背景，举办相关的文化节、异域服装展、异国美食节以及他们特有的文化节等。

（四）语言支持

语言，是人类交流的主要媒介，对于来华留学生来说，这也是他们面临的最大困难，语言障碍给他们的学习和生活带来很多不便，因此，语言支持对于来华留学生来说就显得尤为重要了。为了解决这一问题，我国高校可以制定语言培训制度、留学生咨询制度、留学生学习指导中心制度、一对一的留学生辅导员制度等，这些制度对于来华留学生学习和生活的顺利进行，可以起到一定的保障作用。

1. 语言培训制度

针对来华留学生的语言障碍，高校可以根据来华留学生的汉语水平，设立相应的语言培训课程，通过相应的选修课程或者培训活动，针对听说读写能力进行相应的指导，将语言学习寓于活动之中，提高来华留学生对于汉语的兴趣，当然，来华留学生可以自愿报名参加，而且应是免费的，这样可以减少他们的语言障碍和经济负担，而且可以提高他们对于汉语和中国文化的兴趣。

2. 留学生咨询制度

由于来华留学生的生活文化背景发生了一定的变化，再加上可能会存在一定的语言障碍以及专业学习的挫折等，许多留学生来到中国以后就会在身心上产生一定的不适应，这样就会对他们正常的学习生活产生一定的影响，因此，考虑到这一点，我国高校还应该制定相应的留学生咨询制度。留学生咨询制度就是高校设立专门的咨询中心，配备相关的心理咨询教师，还可以设立一些休息室、娱乐室、阅览室等，一方面可以帮助来华留学生解决学习和生活上的困难以及心理困惑，另一方面可以为来华留学生提供一定的娱乐项目，为咨询工作提供良好的设施和条件，从而为来华留学生的学习提供积极的保障。

3. 留学生学习指导中心制度

来华留学生文化和语言上的差异，可能会使来华留学生不能很好地接受教师在课堂上的教学，或者是对本专业的学习内容产生困惑，从而使得来华留学生对学习产生厌倦的心理，考虑到这一点，高校可以设立一个留学生学习指导中心，由各个专业的教师或优秀的研究生来担任指导人员，在课余时间对来华留学生的学习进行辅导，帮助他们解决学习上的困难，辅导费用由学校承担，这样既可以消除留学生的学习障碍，增加本校的留学生数量，又可以为本校的困难优秀学生提供勤工助学的工作机会，一举多得。

4. 一对一的留学生辅导员制度

对于初次来华的留学生来说，他们在学习和生活上会遇到很多问题，而教师一一帮助他们解决是不现实的，因此，建立一对一的留学生辅导员制度是很有必要的。高校可以选择本校的优秀学生来做留学生的辅导员，最好是和留学生专业相关的，这样不但可以帮助来华留学生解决一些学习和生活上的问题，还可以提高本国学生的外语水平，也可以为本国学生提供勤工助学的机会，这样可以促使来华留学生更快地适应中国的生活，并与当地文化生活相融合。

第二章　来华留学生教育的历史发展

来华留学生教育有几十年的发展历史，如今，在新的国际形势下，越来越多的国家通过各种方式选送学生来华留学，留学生教育成了更为重要的中华语言文化走向世界的方式。本章分为来华留学生教育政策的历史发展、来华留学生教育管理的历史发展、来华留学生来源国别的历史发展三部分。主要内容包括：政治援助时期、改革开放时期、深化改革开放时期、隔离管理时期、逐步趋同时期等。

第一节　来华留学生教育政策的历史发展

一、政治援助时期（1950 年至 1977 年）

中华人民共和国成立初至改革开放前，来华留学生教育政策经历了从初创、发展到中断、恢复的过程，政策主要体现对外政治援助的倾向，因此，将这一时期称为政治援助时期。

（一）发展历程

1. 与东欧国家交换留学生

1950 年 8 月我国外交部向罗马尼亚大使馆发出了《关于交换留学生问题备忘录》，其要点包括中罗双方拟向对方派遣具有本科学历的留学生学习对方国家的语言、历史与政治；学习期限为四年，第一年学习语言，第二年转入相关大学学习专业知识。同年，我国陆续与东欧其余四国波兰、捷克斯洛伐克、匈牙利和保加利亚分别就互换留学生事宜达成相同协议。1950 年 11 月，罗马尼亚、匈牙利和保加利亚各五名共十五名留学生来到我国学习，来华留学生教育拉开了序幕。

2. 与周边社会主义国家交换留学生

1953 年，我国与朝鲜政府签订《关于朝鲜学生在中国高等学校及中等专业学校学习的协定》，1955 年，我国与越南政府签订《关于文化合作协作书》。这些协议对来华留学生的学历资格、学习期限、经费负担方式等都做出了相应的规定。越南成为中华人民共和国成立初期派遣来华留学生人数最多的周边社会主义国家。

3. 与民族独立国家交换留学生

除东欧及周边国家如朝鲜、越南外，我国政府与其他民族独立国家也展开了互派留学生的事务，这些国家如印度、埃及，分别于 1955 年及 1956 年向我国派遣来华留学生。由于资料的限制，未能获取上述两国与我国签订具体协议的信息。1956 年以后，其他民族独立国家如亚洲的十五个国家和拉丁美洲的六个国家也分别向我国派遣留学生。

4. 接收非洲国家的来华留学生

20 世纪 50 年代，非洲国家的民族独立运动获得重大发展，一些国家取得了民族独立。我国当时虽然处于百废待兴的状态，但仍坚持用举国之力支援非洲国家的重建任务，其中，向这些国家提供来华留学生奖学金为其培养建设人才是当时重要的来华留学生教育政策之一。1956 至 1964 年，我国共接收非洲来华留学生 178 名，但非洲来华留学生教育工作并不顺利。1962 年，83 名非洲来华留学生退学回国，成为当时来华留学生工作的难点和焦点。

1966 年"文化大革命"开始，我国高等教育部与外国驻华使馆的备忘录中明确规定来华留学生回国休假一年，至此来华留学生教育进入中断状态。直至 1973 年，国务院批准了外交部和国务院科教组联合呈送的《关于接收来华留学生计划和留学生工作若干问题的请示报告》，来华留学生教育工作开始恢复。

（二）特点评析

1. 政策主要通过政府间双边协议的形式体现

从中华人民共和国成立初至"文化大革命"结束，我国前后制定的十多项来华留学生教育政策多以与他国签订双边协议的形式体现，其中包括与东欧国家、周边国家、民族独立国家的协议。双边协议是双方政府通过谈判、协商取得的一致意见。当时国际政治处于"两极化"格局，接收来华留学生对于我国政府和高校而言是一个全新的工作，因而缺乏接收和培养留学生的经验。在这种背景下我国政府采用了双边协议的形式来体现来华留学生教育政策，独立自

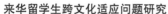

主制定政策的能力相对有限。

2. 政策完全服务于我国国际政治方针

中华人民共和国成立初期，世界政治格局处于两极对峙的冷战状态，我国采用了亲苏"一边倒"的外交政策，即倒向以苏联为代表的社会主义阵营，来华留学生教育政策主要面向以东欧及周边国家为主体的社会主义国家。由于苏联的大国沙文主义倾向，中苏关系开始恶化，我国将外交政策调整为"两反一合双交"，即既反对美帝国主义又反对苏联，加强同亚非拉国家的合作，并积极发展与日本、西欧的外交关系。由此，来华留学生教育政策从面向东欧及周边社会主义国家逐步转向民族独立国家、部分资本主义国家以及非洲国家。

3. 政策体现了我国为来华留学生提供费用的援助性质

政治援助时期，来华留学生都以交换生和奖学金生的身份在我国高校学习。我国接收的东欧和周边社会主义国家的留学生以交换生为主，他们的学费、住宿、饮食、医疗甚至服装、旅行、零用钱等费用均由我国政府承担。

此外，我国向非洲国家提供了相当数量的奖学金生名额，奖学金生不仅享受交换生在华的上述费用优惠，其国际旅费也由我国政府承担。来华留学生的其他经费开支包括：一般设备补助费（指学生宿舍的床垫、桌椅、书架、被褥等装备费），暑期消夏活动费，生产实习费以及来华、回国、分配入学或转校等在我国国内产生的旅费、招待费等。这些费用由教育部按国家规定的标准和各学校来华留学生的人数拨给学校，由学校统一管理。可见，从政策所反映的费用承担来看，体现出了我国对当时东欧及周边社会主义国家、非洲国家来华留学生教育的援助性质。

二、改革开放时期（1978 年至 1989 年）

1978 年，我国开始实行改革开放政策。我国与美、日正式建交，同时加强了同第二、第三世界国家的交流与合作。改革开放以及对外交流的深入为来华留学生教育政策的更新提供了重要契机。

（一）政策体现

①以举办汉语短训班为形式，初步打开接收自费来华留学生的渠道。1978年,教育部批准了法国第三巴黎大学东方语言学院29名学生到北京语言学院（现北京语言大学）自费短期学习汉语，这批学生被认为是"改革开放初期第一批自费来华留学生"，而该事件也被认为是"我国自费来华留学生教育发展的起

点"。自此，我国高校举办的外国人汉语短训班迅速发展。为了规范汉语短训班的举办以及收费标准等事宜，我国政府先后出台了五项相关政策，包括《关于接收自费外国来华留学生收费标准问题的请示》（1979）、《关于招收自费外国来华留学生的有关规定》（1989）、《关于高等学校开办外国人中文短训班问题的通知》（1980）、《为外国人举办短期学习班的有关规定》（1983）、《关于进一步办好为外国人举办的短期学习班的几点意见》（1985）。前两项分别涉及自费生收费标准及招收自费生资格的问题。具体来看，第一项政策明确规定了收费范围和具体数额标准，第二项政策规定了高校申请招收自费来华留学生的资格要求，并首次明确指出"自费留学生要求来华学习，由其本人直接向招生院校提出申请，招生院校根据有关规定决定录取事宜。"可见，这两项政策不仅打开了接收自费来华留学生的渠道，而且扩大了高校招收自费生的自主权。后三项政策一方面对汉语短训班这种办学形式进行了规范，另一方面将高校举办汉语短训班的审批权下放至省、直辖市、自治区政府教育主管部门，鼓励高校开办汉语短训班。

②以"坚持标准，择优录取，创造条件，逐步增加"为来华留学生教育工作方针，关注招生质量，调整来华留学人员的层次结构并初步形成汉语水平考试制度。20世纪50年代中期，我国开始招收非洲来华留学生，虽然数量不多但非洲学生教育不断出现问题。非洲来华留学生的招生质量问题成为1979年第二次全国来华留学生教育工作会议的专门议题之一，会议提出来华留学生工作要为外交路线服务，但也要符合教育规律即来华留学生必须具备高中毕业资格方可录取，会议进一步确定来华留学生工作方针为坚持标准，择优录取，创造条件，逐步增加。从这一方针可以看出，来华留学生教育在改革开放时期开始关注招生质量和教育质量，并逐渐调整来华留学生的层次结构。

首先，颁布了与学位及研究生教育相关的三项政策条例。一是《关于外国留学生工作会议的报告》（1979年，简称《工作会议报告》）和《中华人民共和国学位条例》（1980年，简称《学位条例》），《工作会议报告》首次以书面形式提出为留学生颁发学位证书的要求，但这只是针对来华留学生的提议，当时我国高等教育领域并未建立学位制度。1980年《学位条例》正式出台，第十五条明确规定："在我国学习的外国留学生和从事研究的外国学者，可以向学位授予单位申请学位。"该条例主要面向的是中国学生和学者，并未结合来华留学生教育的特殊性对来华留学生的学位授予进行具体说明。二是《关于招收和培养外国来华留学研究生的暂行规定》（1988年），首次明确了我国招收和培养来华留学研究生的政策。

其次，1989 年国家教委（现教育部）发布《关于今后外国来华留学生工作的意见》，提出从以招收本科生为主体逐步过渡到以招收研究生和进修生为主体的构想。语言是留学生进入东道国高校学习最基本的要求，为了规范来华留学生汉语教学及测试，我国从改革开放时期便着手形成汉语水平考试制度。1984 年北京语言学院（现北京语言大学）开始汉语水平考试的研制工作。1987 年成立国家级的对外汉语教学领导机构"国家汉语国际推广领导小组办公室"（简称"国家汉办"）。1989 年国家汉办颁布《汉语水平等级标准和等级大纲》，它的颁布为制定对外汉语教学大纲、教材以及实行汉语水平考试提供了重要依据。

（二）特点评析

①政策制定由双边协议转向自主制定。政治援助时期，我国来华留学生教育政策多以政府间双边协议的方式体现，学生的专业、期限、费用等具体细节都由双方政府协商而定。但随着我国对外教育交流的深入，改革开放时期来华留学生教育出现了新的办学形式——汉语短训班，新的经费承担方式——自筹经费，新的教育层次结构——研究生教育等变化，显然再采用双边协议的方式不合时宜，于是我国政府针对新的来华教育实践自主制定了一系列政策，表明我国来华留学生教育的自主管理能力逐步增强。

②政策范围由以面向东欧及周边社会主义国家、民族独立国家为主发展为面向世界多个国家。由于受国际政治格局以及我国外交政策的限制，政治援助时期特别是中华人民共和国成立之初我国来华留学生来源国别十分受限。但改革开放以来，随着中美、中日关系的建立，我国国际政治环境明显好转，正式建交的国家超 150 个。据统计，1978—1989 年，我国高校接收了来自 124 个国家 14273 名留学生，比政治援助时期生源国别增加了 47 个。按照毛泽东的"三个世界"的划分，这些增加的国别以第二世界为主，如日本、加拿大、欧洲各国。1978—1989 年的相关数据显示，来自第二世界国家的学生数量约占这一时期来华留学生总数的 46%，来自美国和苏联的学生占总数的比例约为 12%，来自亚非拉等国的学生约占总数的 42%。

③这一时期的政策开辟了接收自费来华留学生的渠道，来华留学生教育经费承担主体多样化。政治援助时期，我国来华留学生基本由奖学金生和交换生组成，在华学习和生活费用由我国政府承担。改革开放时期，以开办汉语短训班为契机，我国尝试采用由来华留学生自身承担教育经费的做法，开辟了招收自费生的渠道。招收自费生政策的制定和实施，与当时我国教育体制改革息息

相关。1985 年,《中共中央关于教育体制改革的决定》明确规定,高等学校"有权利用自筹资金,开展国际的教育和学术交流。"由学生承担留学教育的费用,一方面,丰富了经费承担主体,在一定程度上缓解了政府和高校的经费压力;另一方面,国际留学教育市场中以英联邦为代表的国家在 20 世纪 80 年代纷纷开始实行自费留学教育,因此从这一意义上看,我国来华留学生教育实施收费政策是与国际留学教育市场接轨的表现之一。

三、深化改革开放时期(1990 年至今)

20 世纪 90 年代以后,在改革开放基本国策的进一步推动下,国际国内形势都发生了巨大变化。从对外交流来看,我国同发达国家、发展中国家特别是周边国家建立了稳定和谐的外交关系。从国内改革形势来看,1992 年十四大确立的建设有中国特色的社会主义市场经济体制的发展目标大力促进了我国政治、经济、教育的体制改革。随着改革开放的深入,为适应来华留学生教育的新需要,我国来华留学生教育政策做出了调整并体现出新的特点。

(一)政策体现

①大力发展对外汉语教学,规范汉语水平考试,制定对外汉语教师资格证书制度并建立以孔子学院为代表的汉语和中国文化推广机构。随着我国改革开放的深入,国际地位的提升,特别是自我国加入 WTO 和成功举办奥运会以来,学习汉语已成为潮流。现今通过各种方式学习汉语的外国人已有三千多万人,并且共有一百多个国家的两千三百多所大学在教授汉语,可见全球性的"汉语热"也已形成。为了推动对外汉语教学的发展,我国相继出台了两项政策并创立孔子学院作为汉语推广的桥梁。两项政策分别是《对外汉语教师资格审定办法》(1990 年)及其实施细则(1996 年)和《中国汉语水平考试(HSK)办法》(1992 年),进一步规范了汉语水平考试和对外汉语教师师资建设。孔子学院由国家汉办管理,是中外合作建立的非营利性教育机构,致力于适应世界各国(地区)人民对汉语学习的需要,增进世界各国(地区)人民对中国语言文化的了解,加强中国与世界各国的教育文化交流合作,发展中国与外国的友好关系,促进世界多元文化发展,构建和谐世界。至 2018 年 12 月,世界各国已建立 548 所孔子学院并开设 1193 个孔子课堂。

②规范学位学历条例,加强学历学位证书管理制度建设。尽管我国于 20 世纪 80 年代初便建立了学位制度,在改革开放时期也颁布了为来华留学生颁发学位证书的相关政策,但并未根据来华留学生的特殊性制定具体的要求。来

华留学生的特殊性在学习中的重要体现是语言问题，完全采用适用于中国学生的学位授予政策并不合适。由此，1991 年国务院学位委员会颁布了《关于普通高等学校授予来华留学生我国学位试行办法》，该办法对授予学士学位的语言要求是"具有使用生活用语和阅读本专业汉语资料的初步能力"，对授予硕士和博士学位的语言要求相同，即"具有使用生活用语和阅读本专业汉语资料的能力"。此外，为规范高校学历证书管理，我国 1993 年颁布了《普通高等教育学历证书管理暂行规定》，并具体针对来华留学生的学历证书管理相继出台了《关于接受外国高等专科院校毕业生来华攻读本科毕业文凭课程有关问题的通知》（1995 年）和《关于改革外国留学生学历证书管理办法的规定》（2001年）等。

③重视来华留学生教育质量，加强评审制度建设。改革开放时期的来华留学生工作方针"坚持标准，择优录取"已初步体现出我国政府对来华留学生招生质量的关注，但招生仅是来华留学生教育的一个组成部分。随着来华留学生教育规模的扩大及结构的丰富，我国在深入改革时期较为重视汉语短训班、教育管理及奖学金评审制度的建设，并相应颁布了以下政策条例：《关于对举办外国人短期学习班的高等院校进行评审工作的通知》（1992 年）、《关于在我省部分高校进行外国留学生教育管理评估试点工作的通知》（1999 年，江苏省教育委员会）、《外国留学生奖学金年度评审暂行办法》（1997 年）、《关于中国政府奖学金的管理规定》（2001 年）以及《教育部关于实施中国政府奖学金年度评审制度的通知》（2000 年）。其中，来华留学生教育管理评估尚处于初步阶段，教育部国际合作与交流司曾制定《高等学校外国留学生教育管理评估指标体系》，并于 2000 年和 2002 年 10 月分别在江苏和北京高校实行了该项评估，但结果未对外公布且至今再未实施过类似评估。

④以"深化改革，完善管理，保证质量，积极稳妥发展"为来华留学生工作指导方针，完善来华留学生管理制度。1998 年 2 月全国来华留学生工作会议将"深化改革，完善管理，保证质量，积极稳妥发展"确定为今后来华留学生工作的指导方针，国务院转批的《2003—2007 年教育振兴行动计划》进一步提出"按照'扩大规模、提高层次、保证质量、规范管理'的原则，积极创造条件，扩大来华留学生的规模"。自 20 世纪 90 年代尤其是进入 21 世纪以来，我国来华留学生规模实现了跨越式的发展，面对来华留学生数量的激增，我国政府对来华留学生管理制定了一系列政策，其中最为人知的是 2000 年教育部、外交部、公安部发布的《高等学校接受外国留学生管理规定》（简称 9 号令），它被认为是中华人民共和国成立以来我国第一个对国内外公开发布的关于外国

来华留学生教育的政策。9号令对来华留学生教育的管理体制、外国留学生的类别、招生和录取、奖学金制度、教学管理、校内管理、社会管理、出入境和居留手续等方面进行了具体的规定。此外，为了改变过去奖学金生医疗费用大包大揽的做法，我国政府于2003年颁布了《关于试行中国政府奖学金来华留学生新医疗保险方案的通知》，淡化了我国政府对奖学金生医疗费用全额支付的义务，而将此项费用面向社会，面向市场。

（二）特点评析

1. 政策内容趋于国际化

政策内容趋于国际化指的是来华留学生教育政策的内容与发达国家留学教育政策开始接轨，具体体现在：第一，开放来华留学生医疗制度，由过去完全由政府承担的方式转变为医疗保险承担的方式。对自费生的医疗问题也做出了必须具备医疗保险方可入学的规定，自费生在无来源国医疗保险的前提下亦可购买中国平安人寿股份有限公司等提供的相关保险。第二，勤工助学问题也即将进入来华留学生教育政策的视野。按照我国法律，来华留学生打工属非法行为。随着来华留学生数量激增，非法打工问题日益突出。因此，近期来华留学生教育领域讨论较多的勤工助学问题有望纳入政策范围。在国际学生接收大国，无论是医疗保险还是打工问题均有明确的政策和法律规定。

2. 政策制定由零散走向系统

教育政策学专家英博等人按照复杂性（由低到高）、决策环境（由精确到不精确）、可选择的项目数（由少到多）以及决策标准（由窄到广）将教育政策分为四类：具体问题式的、单项目的、多项目的和战略性的。从中华人民共和国成立之初接收第一批来华留学生开始，我国制定的来华留学生教育政策都是面向某国或某一类国家的，如分别与东欧五国签订的互换留学生的双边协议，这些协议都是具体问题式、单项目的协议，其特征是仅针对某一具体问题而显得零散。改革开放以后，自接收自费生开始，我国较少针对某国或某类国家来制定政策，开始根据来华留学生教育的整体发展来制定政策，如在改革开放和深化改革时期制定的两个工作总体方针，都可称为战略性的政策。此外，针对学历学位、汉语考试、师资建设、自费生和奖学金生的招收评审等一系列政策，都从零散、具体问题式、单项目政策走向多项目、战略性政策而趋于系统化。

3. 政策发布方式由封闭转向透明

2000年以前，我国来华留学生教育政策基本都以内部文件的形式下发，仅限于政府和高校相关部门掌握，其中一些政策甚至作为机密文件来处置，从传达、实施到文件的保存或销毁均按照外事机密的规定执行，这一时期来华留学生教育政策的发布几乎无透明度可言，社会大众甚至是学生都无从知晓政策内容。21世纪以来，随着我国对外交流的进一步深入以及互联网技术的飞速发展，2000年1月，9号令首次以公开的方式向社会发布。此后，关于来华留学生的学历学位证书管理、奖学金生评审等政策都以互联网的形式予以公布。近几年来，关于来华留学生医疗保险政策甚至是近年来华留学生统计数据等都通过国家留学基金管理委员会、教育部的官方网站进行了发布，这说明来华留学生教育政策的发布方式逐步由封闭趋向透明。

第二节　来华留学生教育管理的历史发展

一、隔离管理时期（1950年至1998年）

高校来华留学生隔离管理具有两层含义：一是来华留学生在高校内与其他群体的隔离；二是来华留学生与校外环境的隔离。正如桑德拉·吉莱斯皮所言："外国学生在中国大学的生活具有显著特点。首先，大学本身就是一个完整的社会。一扇墙界定了整个大学，而所有教员和学生生活在墙内。这扇大墙内又有另两扇墙围绕在'外国专家'和'外国学生'周围。这些墙将大学（这个社会）一分为二。这里的'墙'就是管理制度。"自中华人民共和国成立之初接收首批来华留学生开始，我国高校来华留学生管理的总体特点就是与校园内外其他群体的隔离管理，其发展历程如下。

（一）以中国语文专修班为组织形式的隔离管理

1951年，针对东欧来华留学生的汉语培训，清华大学成立了"中国语文专修班"。该班直接由学校教务长负责，并设立一名主任全面负责学生的学习和生活管理。无论是教学计划还是日常管理的环节均需获得教育部及相关部委的批准方可执行，如教育部分别于1951年6月和8月批准了《清华大学东欧交换生中国语文专修班两年教学计划（草案）》和《清华大学东欧交换生中国语文专修班暂行规程》，此外，教育部、外交部、新民主主义青年团中央委员会、中华全国学生联合会还签订了《关于加强对东欧交换来华留学生管理工作的协议（草案）》（1951年）。

1952 年，院系调整后，中国语文专修班的任务改由北京大学承担，北京大学中国语文专修班（简称专修班）的来华留学生不仅有来自东欧的学生，还有来自周边社会主义国家的外国学生。专修班主任由北京大学副教务长兼任，专门负责所有学生的学习和生活管理。由于 1953 年后越南来华留学生数量激增，为便于越南学生的汉语学习，除北京大学外，我国在桂林也设立了中国语文专修班。专修班的教学计划、管理方案等都必须经由教育部等部门的批准，如 1953 年批准了北京大学制定的《北京大学外国留学生中国语文专修班暂行规程（草案）》。此外，以教育部为代表的中央部委还通过颁布各种政策规定来参与来华留学生教育管理，在 1953—1956 年共颁布了四部来华留学生管理条例，包括《各人民民主国家来华留学生暂行管理办法》《关于各国来华留学生管理工作的注意事项》《关于留学生赴各地参观旅游时接待工作的几项试行意见》《关于外国来华留学生管理工作中几个问题的指示》，对专修班的机构设置、教学计划、学生成绩、学生休假离校、参观旅行等做出了详尽的规定。

中国语文专修班实质上是中华人民共和国成立之初为来华留学生进行汉语学习专设的机构，这个专设机构又进一步设立了专门的来华留学生教室、食堂、宿舍甚至商店，当时的来华留学生与中国学生、中国社会日常接触的概率非常低，因此中国语文专修班对来华留学生采用的是完全隔离管理。

（二）以非洲留学生办公室为组织形式的隔离管理

20 世纪 50 年代末我国首次接收非洲来华留学生。据统计，在 1959 年至 1965 年间，共有 120 多名来自非洲国家的留学生在我国高等学校学习。以非洲来华留学生汉语培训为目的，1960 年北京外国语学院（现北京外国语大学）成立了非洲留学生办公室。非洲留学生办公室的设置、职责与中国语文专修班类似，唯一的区别是它是一个为非洲留学生专设的中国语文专修班。

然而，专修班的隔离管理方式并不适用于非洲留学生群体。1962 年，83 名非洲留学生退学回国，造成这一事件的原因：一方面与学生自身的素质有关，如这些学生多数由党派或群众团体派遣，有的甚至连高中毕业的文化程度都未达到；但另一方面也与我国高校的来华留学生隔离管理方式有关。

非洲留学生集体退学事件后，我国政府通过颁布政策的方式进一步完善来华留学生管理的规章制度，包括《关于加强外国留学生、实习生工作的请示报告》并附《外国留学生试行条例（草案）》（简称《留学生条例》）及《外国实习生工作试行条例（草案）》（1962 年）、《关于接受外国留学生入中国高等学校学习的规定》（1963 年）。《留学生条例》是我国接收来华留学生以来第一个关于管理工作的法规性文件，对来华留学生的接收、教学、政治活动、生活、社会、经费、组织领导等做出了系统的规定。

（三）以外国留学生高等预备学校为组织形式的隔离管理

1962年，我国将中国语文专修班和非洲留学生办公室合并，并在此基础上成立"外国留学生高等预备学校"。该校以来华留学生对外汉语教学为主要任务，历经几次易名，1964年、1996年以及2002年依次改名为北京语言学院、北京语言文化大学、北京语言大学（简称北语）。2000年机构改革以前该校来华留学生管理仍沿用隔离管理形式，由外事处（建校初及1972年前后曾称为"来华留学生部"）全权负责来华留学生的招生和管理。此外，外事处不仅掌管着来华留学生的日常事务，还负责管理教学、后勤等事务。尽管以来华留学生教育为主要任务，北语还承担了出国人员培训及中国学生高等教育的任务，但来华留学生和中国学生的教学和管理各自有其教学单位和管理机构。

可见，尽管生活在一个校园里，但来华留学生和中国学生在学习和生活中接触的概率较低。

北语作为教育部直属的高校，与教育部关系紧密，来华留学生管理的具体细节甚至学生留级、开除学生学籍、学生退学等都需上报教育部批准。1985年《外国留学生管理办法》的颁布，将来华留学生的接收、教学、管理权从政府逐步转移至高校，尽管如此，高校来华留学生管理依然采用的是与中国学生、与中国社会隔离的方式。

（四）以高校留学生办公室等为组织形式的隔离管理

中国语文专修班、非洲留学生办公室以及后来的北语实际上都是来华留学生汉语培训机构，接受汉语培训后学历生将进入相关高校进一步学习专业知识。1955年，我国共有8所仅限京津地区的高校接收来华留学生进行专业学习。据统计，2018年我国共有来自196个国家和地区的492185名各类来华留学生分布在全国31个省、自治区、直辖市的1004所高等院校、科研院所和其他教学机构中学习或毕、结业。

1985年，国务院批转了由国家教委、外交部、文化部、公安部和财政部制定的《外国留学生管理办法》，其中第四十二条规定："学校可设留学生办事机构，负责有关留学生的接收、思想政治工作、日常管理以及与有关使（领）馆的联系。"

在此政策的引导下，接收来华留学生的高校普遍设立"外国留学生工作办公室"（简称留办）。留办的工作职责和范围较广，涵盖招生、学籍管理、涉外、教学以及后勤等。招生包括境内外招生宣传、审理入学申请、寄发入学通知书及入境签证文件等；学籍管理包括注册、考勤、考绩、休学、退学、转学、毕业、离校、奖惩等；涉外包括入境签证、居留手续、卫生检疫等；教学则指专设留学生课堂展开汉语或专业教育以及相关教学管理事务；后勤包括就餐和住宿事务。可见，留办基本上包揽了来华留学生在校学习期间的所有事务，与中国学生的教学和管理几乎没有交叉之处，实行的仍然是隔离管理。

二、逐步趋同时期（1999 年至今）

1999 年以后，来华留学生规模飞速发展。面对规模的激增，我国进一步调整了高校来华留学生管理政策，2000 年颁布的 9 号令第九条规定："高等学校具体负责外国留学生的招生、教育教学及日常管理工作。学校应当有校级领导分管本校的外国留学生工作；学校应当根据有关规定建立外国留学生管理制度，并设有外国留学生事务的归口管理机构或管理人员。"这一条例明确提出高校要设立归口管理机构。此外，9 号令还首次明确规定（即第三十八条）："外国留学生可以在校外住宿，但应当按规定到居住地公安机关办理登记手续。"1999 年以后，各高校纷纷通过机构改革的方式对来华留学生管理体制进行了调整，调整后的来华留学生管理体制与隔离时期的来华留学生管理体制的最大区别在于：一是将教学和后勤事务全部或部分地从留办或类似留办的归口管理机构中归入中国学生的教学和管理体系中；二是实现了来华留学生的校外住宿。

来华留学生教学与后勤事务的逐步趋同，一方面指的是来华留学学历生与中国学生采用相同的教学及学籍管理模式，即来华留学学历生与中国学生在相应的专业院系同班学习，学籍管理与中国学生一样由教务处、研究生处（院）以及相关院系负责。另一方面，所有来华留学生的后勤事务尤其是餐饮和住宿问题均由学校后勤处负责。关于住宿问题，尽管 9 号令已明确规定来华留学生可校外住宿，但对于首次来中国的新生而言，他们更倾向于在开学初入住校内宿舍。学校后勤处对于来华留学生的校内住宿基本沿用留学生宿舍或称留学生公寓的管理办法，且这些留学生宿舍或公寓较中国学生宿舍设施好，价格远远高于中国学生宿舍。关于餐饮，目前多数高校已取消专门的留学生食堂或餐厅，中外学生实现了共用食堂或餐厅。

教学和后勤事务逐步趋同管理的高校一般是来华留学生规模较大，且学历生较多的高校，如北京大学、清华大学、复旦大学、同济大学等。可见，这种教学和后勤逐步趋同的管理，只是实现了教学及管理的逐步趋同，而在后勤事务上实现了就餐的趋同，校内住宿还是采用与中国学生分开居住的方法。

部分高校的来华留学生管理采用的是建立国际××学院(如国际教育学院、国际交流学院、国际文化交流学院等)或类似机构(如对外汉语学院等)作为归口管理机构，但这类机构除涉外、招生事务外，还负责汉语学历生教学和汉语非学历生教学及其学籍管理工作。非汉语专业教学及其学籍管理则由教务处、研究生处以及相关专业院系共同负责，后勤事务由后勤处统一安排，其中来华留学生的校内住宿依然以留学生宿舍或公寓为主体，来华留学生的校内就餐与中国学生相同。由此可见，此种逐步趋同只是实现了非汉语专业教学及其学籍事务纳入中国学生教学和管理体系的逐步趋同，后勤事务中仅是就餐的趋同，校内住宿仍采用中国学生与外国学生分开居住的方式。采用非汉语专业教学与后勤事务管理逐步趋同的高校有上海交通大学、上海大学、浙江大学等。

目前，除上述逐步趋同的管理方式外，个别较为特殊的高校，如以汉语教育为主体、学生规模较大的学校(如北语)以及来华留学生数量较少、以汉语短期教育(学习时间半年以下)为主体的学校则采用了特殊的管理方式。以北语为例，2000年进行了机构改革，来华留学生事务由原来的外事处脱离出来，并成立了留学生处主管长期生(学习时间半年以上的非学历生和学历生)的招生、涉外、学籍事务，后勤事务由后勤处统一负责，教学分别主要由两个来华留学生教学单位即汉语学院、汉语进修学院负责。2007年北语再次进行机构改革，将留学生处的涉外、学籍事务归入两个来华留学生教学单位中，留学生处仅作为一个归口机构负责招生、协调事务。可见，北语的来华留学生管理由于以汉语教育为主体，学生规模较大(如2009年9月，该校共有8871名来华留学生在读，接收数量居全国高校之首)，采用的是隔离式的教学和学籍管理。另外，来华留学生规模较小、以汉语短期教育为主体的学校则完全沿用2000年以前的隔离管理方式，如黑龙江大学的国际文化教育学院就是一个集招生、教学、涉外、学籍、后勤事务为一体的来华留学生教育单位，完全独立于中国学生的教学与管理体系之外。

第三节　来华留学生来源国别的历史发展

中华人民共和国成立后，来华留学生教育于1950年首次接收来自东欧五国的学生。至2018年，来华留学生的来源国别从中华人民共和国成立初期的东欧五国发展至 196 个国家和地区。在此将从三个阶段来分析 1950 年至今来华留学生来源国别的发展及其主要影响因素。

一、来华留学生来源国别的发展轨迹

（一）以亚洲社会主义国家为主体的单一阶段（1950 年至 1972 年）

据统计，在 1950 至 1972 年，我国共接收了来自 70 个国家的 7259 名来华留学生。以下分别从国家性质、洲际分布、来源国人数总量方面进行分析。

1. 从国家性质来看

这一时期的来华留学生主要来自 14 个社会主义国家，包括越南（5252 人）、朝鲜（546 人）、苏联（208 人）、阿尔巴尼亚（194 人）、蒙古（131 人）、民主德国（66 人）、波兰（48 人）、捷克（42 人）、罗马尼亚（33 人）、匈牙利（28 人）、古巴（23 人）、保加利亚（20 人）、南斯拉夫（7 人）、老挝（6 人），共 6604 人，占总数的比例约为 91%。来自非社会主义国家的来华留学生仅有 655 人，占总数的比例约为 9%。

2. 从洲际分布来看

这一时期的来华留学生的来源国别主要分布在亚洲，有 21 个国家，共 6290 人，占总数的比例约为 87%。其余分布在：非洲 18 个国家共 196 人；拉美 6 个国家共 31 人；北美（美国 8 人和加拿大 1 人）共 9 人；欧洲 22 个国家共 731 人，大洋洲（仅澳大利亚）共 2 人。

3. 从来源国人数总量来看

在 70 个来源国中，派遣来华留学生人数最多的十个国家分别是越南（5252 人）、朝鲜（546 人）、苏联（208 人）、阿尔巴尼亚（194 人）、蒙古（131 人）、印度尼西亚（111 人）、民主德国（66 人）、尼泊尔（63 人）、波兰（48 人）、法国（44 人）。可见，这一时期的来华留学生主要集中在越南和朝鲜两个来源国，各占总数的比例分别约为 72% 和 8%。

从以上数据可以看出，1950 至 1972 年，我国接收来华留学生在来源国别结构上具有以下三个特点：第一，来源国数量增长迅速，由 1950 年的东欧五国增至 1972 年的 70 个国家。第二，来源国别虽然不断丰富，但主要是亚洲国家，特别是社会主义性质的国家。第三，从具体国别来看，越南和朝鲜两国的来华留学生占主体，两国来华留学生数量占总数的比例约为 80%。

（二）以发达国家为主体的阶段（1973 年至 1991 年）

我国于 1973 年正式恢复接收来华留学生。据统计，1973 年至 1991 年，我国共接收来自 130 个国家的 18984 名来华留学生。以下分别从经济水平、洲际分布、来源国人数总量方面进行分析。

1. 从经济水平来看

这一时期的来华留学生主要来自 25 个发达国家，具体包括：日本（3044人）、苏联（1573 人）、联邦德国（1361 人）、英国（752 人）、法国（622 人）、意大利（422 人）、瑞士（253 人）、丹麦（207 人）、荷兰（207 人）、比利时（165人）、瑞典（157 人）、奥地利（144 人）、挪威（87 人）、西班牙（57 人）、芬兰（46 人）、希腊（27 人）、葡萄牙（16 人）、冰岛（11 人）、爱尔兰（8 人）、卢森堡（7 人）、马耳他（4 人）、美国（724 人）、加拿大（322 人）、澳大利亚（261 人）以及新西兰（95 人），共 10572 人，占总数的比例约为 56%。来自 115 个发展中国家的来华留学生共有 8412 人，占总数的比例约为 44%。

2. 从洲际分布来看

1973 至 1991 年，来自欧洲的来华留学生数量最多，共 7027 人，分别来自欧洲的 28 个国家，占总数的比例约为 37%。其余依次为：亚洲 31 个国家共 6716 人，占总数的比例约为 35%；非洲 45 个国家共 3418 人，占总数的比例约为 18%；北美 2 个国家共 1046 人，占总数的比例约为 6%；拉美 18 个国家共 400 人，占总数的比例约为 2%；大洋洲 6 个国家共 377 人，占总数的比例约为 2%。

3. 从来源国人数总量来看

在 130 个来源国别中派遣人数最多的十个国家分别是日本（3044 人）、苏联（1573 人）、朝鲜（1369 人）、联邦德国（1361 人）、英国（752 人）、美国（724 人）、法国（622 人）、意大利（422 人）、加拿大（322 人）、瑞士（253 人）。可见，这一时期，越南来华留学生数量不再占据主体，日本和欧美发达国家的来华留学生规模快速扩大，处于主体地位。

在经历"文革"中断后，来华留学生教育在这一时期开始逐步恢复，从上述数据可看出来源国别结构具有以下特点：第一，来源国数量持续增长，由上阶段的 70 个增加到 130 个。第二，从来源国别的洲际分布来看，来自欧洲的来华留学生数量居于榜首，占总数的比例约为 37%。其余依次为亚洲、非洲、北美、拉美及大洋洲。第三，从具体国别来看，日本来华留学生数量增长迅速。

1950 至 1972 年仅有 32 名日本来华留学生，而在 1973 至 1991 年日本来华留学生数量达到 3044 名。

（三）以周边国家为主体的多样化阶段（1992 年至今）

1992 年以来，来华留学生教育逐步进入飞速发展阶段。据统计，2018 年，我国共接收来自 196 个国家和地区的来华留学生 492185 名。以下从洲际分布、来源国人数总量方面进行分析。

1. 从洲际分布来看

从 2018 年的数据来看，来自亚洲国家的来华留学生数量最多，共 295043 人，占总数的比例约为 60%。其余依次为非洲共 81562 人，占总数的比例约为 17%；欧洲共 73618 人，占总数的比例约为 15%；美洲共 35733 人，占总数的比例约为 7%；大洋洲共 6229 人，占总数的比例约为 1%。

2. 从来源国人数总量来看

2018 年，在 196 个国家和地区中派遣人数最多的十个国家：韩国（50600 人）、泰国（28608 人）、巴基斯坦（28023 人）、印度（23198 人）、美国（20996 人）、俄罗斯（19239 人）、印度尼西亚（15050 人）、老挝（14645 人）、日本（14230 人）、哈萨克斯坦（11784 人）。

从上述数据可以看出，1992 年至 2018 年，来华留学生的来源国别具有以下特征：第一，来源国数量由上阶段的 130 个增至 196 个，几乎遍及世界各个国家和地区，来华留学生来源国别呈现多样化。第二，周边国家来华留学生占总数的一半以上，处于主体位置。第三，与第二阶段不同的是，亚洲来华留学生规模飞速增长，已占总数的 60%。

二、来源国别的主要影响因素

比较高等教育专家阿特巴赫曾将国际学生决定出国的因素分为两类：一是来自派遣国的推力因素；二是来自接收国的拉力因素。来华留学生的来源国别从以亚洲社会主义国家为主体发展到当前以周边国家为主体的多样化阶段，与诸多派遣国的"推"力及我国的"拉"力因素紧密相关。由于派遣国国别繁多，所以仅从接收国即我国自身因素入手分析影响来源国别变化的主要因素。国际学生的流向主要受制于自然地理环境、历史文化传统、国际政治关系、经济发展水平、国家留学政策、教育发达程度等因素，其中影响来华留学生来源国别变化的主要因素有以下四种。

（一）外交政策的拉动

中华人民共和国成立初期，我国采取亲苏"一边倒"的外交政策，与以苏联为代表的东欧及周边社会主义国家建立外交关系，继而来华留学生教育政策在这一时期以双边协议为形式，主要面向社会主义性质的国家。20世纪50年代末60年代初，中苏关系恶化，我国加强同亚非拉国家的合作并积极主动地与欧洲、日本等国建立外交关系。随着建交国家的增加，在20世纪60年代，我国接收了大量来自周边社会主义国家及非洲国家的来华留学生。来自亚非拉国家的来华留学生主要以我国政府奖学金生为主体，强烈地体现了我国来华留学生教育为外交服务的特色。20世纪70年代初及中期我国积极发展与日本及欧美国家的外交关系，来自发达国家的来华留学生数量飞速增长，随着对发达国家来华留学生的接收，我国逐步打开了自费生接收渠道，并调整了一系列来华留学生教育政策以进一步扩大自费生规模。改革开放以来，我国实行的是多方位"和平"和"全方位"外交策略，基本与世界各国和地区建立了和平外交关系，来华留学生的来源国别遍及世界各地。可见，正是国与国的政治外交关系及强烈受到外交关系影响的留学政策在来华留学生的来源国别变化中起着举足轻重的拉动作用。

（二）经济贸易的发展

我国来华留学生来源国别的变化经历了从单一的社会主义国家、以发达国家为主体逐步过渡到当今以周边国家为主体的多样化格局的过程，这一多样化格局的形成与我国同这些国家的经贸关系日益密切息息相关。

首先，中韩经贸合作的跨越式发展推动了韩国来华留学生教育的发展。中韩正式的经贸合作始于1992年两国外交关系的确立，1992年两国经贸额仅为50.27亿美元，2006年双方经贸总额突破1300亿美元，2012年双边贸易额达2000亿美元。正是两国间经贸合作总额以及领域的不断扩大，使得两国文化教育的合作和交流也在不断增强。至2001年底，双方共召开四次文化共同委员会会议，并签订了年度交流计划，推动了来华留学生教育的发展，尤其推动了汉语言以及经济贸易专业的韩国学历生的增长。

其次，中日经贸合作的"战略互惠关系"促进了日本来华留学生教育的大力发展。1972年中日两国政府宣布中日关系正常化，1972年两国的经贸总额仅为10.9亿美元，至2002年首次突破1000亿美元达到1019.1亿美元，而2002年至2006年仅四年的时间就突破第二个1000亿美元达到2073.6亿美元。中日经贸关系的飞速发展，不仅推动了两国经济的增长，还带动了两国在科技、教育等领域的密切合作。从 1973 年首次接收日本来华留学生至 1999 年，日本来华留学生的总数一直居于周边国家之首，2000 年以后韩国来华留学生总数开始占据首位，但日本来华留学生的规模一直呈增长态势，这与中日经贸合作的深入开展密切相关。

最后，我国来自东盟国家的留学生数量近年呈迅速增长态势也得益于我国与东盟各国的经贸合作。东盟诸国是与我国建交较早的国家，但经贸合作的实质性发展始于 2000 年以后。2001 年 11 月，东盟与中国达成协议决定在 10 年之内建立"中国 - 东盟自由贸易区"（CAFTA），这一目标于 2010 年 1 月 1 日实现。正是在"中国 - 东盟自由贸易区"的建设过程中，中国与东盟各国的经贸合作得以深入，2009 年双方的贸易总额已达 2130 亿美元。在来华留学领域，东盟各国来华留学生数量在 2000 年以前增长缓慢，且以我国政府奖学金生为主体。但 2000 年以后，东盟各国派遣的留学生数量增长较快，以越南、印尼和泰国为典型，如越南来华自费生数以每年 20%～25% 的速度递增。可见，中华人民共和国成立之初以外交策略为主要手段接收来华留学生已成为历史，目前经贸关系对来华留学生教育的推动作用显而易见。

（三）地理与文化的吸引

地理环境对国际学生的流向具有长远的影响，对来华留学生的国别结构的影响也如此。在古代，交通不发达的情况尤甚，如唐朝的"留学生"或"留学僧"多数来自日本和朝鲜。即便是在科技、通讯及交通发达的今天，来华留学生的国别也受到地理环境的影响。例如，1996 至 2008 年，有六个周边国家位居派遣来华留学生总数最多的十个国家之列，且这六个国家的来华留学生人数占总数的 61%。

此外，文化传统也是吸引来华留学生的重要因素，文化传统通过同质和异质两种方式影响着来华留学生的国别结构。一方面，相同或类似的文化传统吸引着韩国、日本以及东南亚各国来华留学生来到我国学习。这些国家与我国同属儒家文化圈，价值观、习俗等文化要素更为接近。从个体来看，人们具有与自己特征类似的人进行沟通的倾向，这是相似性吸引假说的重要内容，类似的特征包括兴趣、价值观、宗教、社会技能、语言等。由此，无论是从文化传统还是个体倾向而言，我国具有对韩、日、东南亚学生同质上的文化吸引力。另一方面，我国五千年的华夏文化对欧美等国来华留学生具有异质吸引。从 17 至 19 世纪欧洲掀起的"汉风"直到今天，随着中国政治、经济地位的提升，欧美各国纷纷欲通过学习汉语了解中国文化的魅力。

（四）高等教育水平的提升

一个国家高等教育的发达程度往往会成为吸引国际学生的直接因素。目前，美、英、德、法、澳大利亚等国是接收国际学生人数最多的五大国家，这些国家正是因为拥有具备卓著国际声望的高校才得以吸引众多国际学生前往学习。相比之下，我国高等教育的发达程度与上述国家有较大距离。2003年我国的清华大学和北京大学在世界上的学术排名分别处于201～250位和251～300位，而前两百名多数是来自美、英、德、法等国的高校。但随着我国世界一流大学建设政策的推进以及"211工程"和"985工程"的不断建设，我国高校在世界大学学术排行中的位置显著提高，2010年英国《泰晤士报高等教育副刊》公布的2010年世界大学排行榜显示，我国的北京大学、中国科技大学和清华大学分别位于第37、49和58名，另外南京大学、中山大学和浙江大学也列入了前两百名。这些成果在一定程度上体现了近年来我国高等教育水平在不断提升，我国高等教育水平的提升同时也促进了来华留学学历生国别的丰富。2003年我国接收了24616名来华留学学历生，占总数的31.67%，2018年我国高校共接收了258122名来华留学学历生，占总数的52.44%，集中在汉语言、文学、西医、中医、经济等专业中。据分析，在这些专业中，西医专业是2004年以来来华留学生学习数量除汉语言外增长最快的专业。值得一提的是，周边国家尤其是来自东盟国家的来华留学学历生增长速度较快。除政策、经贸、地理文化等因素外，我国高等教育水平高于部分东盟国家已成为吸引这些国家的学生来我国学习的重要原因。

第三章　留学生跨文化适应的理论背景

随着我国来华留学生教育事业的发展，留学生教育工作的文化差异问题也越发突出。分析留学生跨文化交际中文化差异及文化冲突的产生原因，加快留学生的跨文化适应，不仅具有理论意义，在留学生教育快速发展的今天更具有积极的现实意义。本章分为跨文化适应与跨文化适应研究、跨文化适应的方式与影响因素、国际学生的跨文化适应三部分。主要内容包括：相关概念界定、跨文化适应的理论基础、影响来华留学生跨文化适应的因素、国际学生的心理适应、国际学生的学术适应等。

第一节　跨文化适应与跨文化适应研究

一、相关概念界定

（一）留学生与来华留学生

留学生作为大学中的特殊群体，同时具有学生和外国人这两种属性，既属于涉外管理的范畴，又是一个受到各方面照顾的群体。关于留学生的概念界定，主要有以下两种比较通用的解释。

首先，从语言学的角度来看，《现代汉语词典》中"留学生"一词的释义为"在外国学习的学生"。根据留学方向的不同，留学生又可被划分为"出国留学生"和"来华留学生"。其中，前者主要指"从本国出去到别的国家留学深造的本国学生"，后者主要指"其他国家到我国继续深造留学的学生"。此外，来华留学生还可以被划分为学历留学生和非学历留学生（包括高级进修生、普通进修生、语言生和短期生等类型）。

其次，从历史发展的角来度来看，"留学生"一词可以追溯到我国隋唐时期。那时我国国力强盛，远远领先于其他国家，政治、经济和文化等许多方面在全世界都有巨大的影响力。"留学生"一词也在这个时期逐渐形成。圣德太子摄政（约公元593年—629年）期间，为了提高本国的国际影响力，其特别重视同隋朝的关系。公元609年，日本开始指派使者到当时的隋朝进行学习，称遣隋使。由此，日本开始主动学习我国先进的文化和生产力，"留学生"一词便随之产生，并沿用至今。不过，其原义特指来中国学习的日本学生，但是随着时间的推移其内涵不断扩大，演变为既包括来中国学习的外国学生，也包括出国留学的中国学生。我国于2000年颁布的《高等学校接受外国留学生管理规定》对来华留学生一词做出明确界定，专指持外国护照在我国高等学校注册接受学历教育或非学历教育的外国公民。

（二）文化

1. 文化的含义

跨文化适应的逻辑前提是文化。文化一词古今中外常为人论及。在西方，"文化"一词源于拉丁语"culture"，具有鬼神祭拜、土地耕种、动植物培养及精神修养等意思。英国文化批评家威廉斯认为"文化"一词是体现18世纪末至20世纪上半叶西方社会政治、经济变化的五个关键词汇之一，并得出文化在不同历史时期的词义变化，即19世纪前主要指"自然成长的倾向"和"人的训练过程"，在19世纪之后依次是指"心灵的普遍状态或习惯""整个社会知识发展的状态""艺术的总体"及"物质、知识和精神构成的整个生活方式"。在我国古代"文"与"化"分开使用，如易经中的"观乎人文，以化成天下"。汉代刘向在《说苑·指武》中言道："凡武之兴，为不服也；文化不改，然后加诛。"他虽将"文"与"化"并用，但指的是文治教化。文化一词在我国发展至今，意义丰富，广义上指人类在社会实践过程中所获得的物质、精神的生产能力和创造的物质、精神财富的总和。狭义上指精神生产能力和精神产品，包括一切社会意识形态，如自然科学、技术科学、社会意识形态。可见，中外对文化一词的使用虽有区别但都经历了从简单到复杂，内涵不断丰富和发展的变化过程。

19世纪下半叶随着文化研究在欧洲的兴起，文化逐渐成了人类学、社会学、文化学、心理学、管理学等领域的专门术语，且被广泛运用于各种学科的著作中。著名文化家克洛依伯和克拉克洪在《文化：概念和定义评述》一书中收集到1871年后欧美不同学科学者对文化的定义共三百多种（包括脚注）。文化的定义如此之纷杂，纵观已有的文化定义，文化大致具有以下含义。

（1）文化是人的精神产品的复合体

最先从人类学意义上提出将文化作为复合体概念的是英国人类学家泰勒，他认为，文化或文明，就其广泛的民族学意义来说，是包括全部的知识、信仰、艺术、道德、法律、风俗以及作为社会成员的人所掌握和接受的任何其他的才能和习惯的复合体。该定义彰显了文化的整体性和社会性，剔除了人类的生物学遗传因素。在这一定义中文化更多指的是人类的精神产品，如知识、信仰等，并不包括以实物为表现形式的物质产品。

（2）文化是人的社会生活方式的整体

英国社会学家吉登斯认为文化是指一个社会的成员或其群体的生活方式，包括他们的服饰、婚俗和家庭生活、工作模式、宗教仪式以及休闲方式等。这个定义将实物纳入文化的要素中，扩大了文化的内涵。另一位社会学家波普诺也将物质产品纳入文化的概念，认为文化是人类群体或社会的共享成果，这些共有产物不仅包括价值观、语言、知识，而且包括物质对象。他同时也认为，从最为一般的意义上讲，文化是代代相传的人们的整体生活方式。作为社会成员的人从呱呱坠地到人生的每一个阶段都在家庭、学校、同辈群体、大众传媒等的影响下，对这些影响做出能动反应和选择，学习社会生活的基本知识和技能，这些知识和技能包括言语和非言语符号，价值观，规范（包括习俗、民德和法律）以及物质对象如机器、工具、书籍等。

（3）文化是指导人的情感、行为和认知的心灵程序

荷兰组织社会学家霍夫斯泰德在其两部颇有影响力的著作即《文化的影响》和《文化与组织》中都提出文化之于人犹如程序之于计算机的观点。从其观点来看，文化就是事先写好的置于人的心灵的程序，这些程序就是在特定社会中人们广泛意义上的生活方式的整体，是一种集体精神程序，决定着个体的情感、行为和认知。但是，与计算机不同的是，人作为个体是一个开放和能动的系统，一方面其行为部分受制于心灵程序，但另一方面人可能会发挥个体能动性而偏离或修改这个程序，表现出新的情感、行为和认知方式。如人从一个社会到另一个社会中时，运用原有的心灵程序来处理新社会中的生活事件可能会遭遇困难，但可通过修改和学习的过程来解决困难。因此，当人由一种社会情境到另一种社会情境中时，心灵程序的修改可成为问题解决的途径。

2. 文化的特性

综合上述关于文化的定义，从以下方面来认识文化的特性。

（1）显性与隐性

文化既是精神产品的复合体又是社会生活方式的整体，但精神产品和社会生活方式中有人们用肉眼能够辨别的成分，也存在不易为人觉察的成分。在讨论文化时人们常用两个比喻即"洋葱"和"冰山"将文化的抽象定义形象化，实际上这两种比喻恰好形象地体现了文化显性与隐性的双重特征。例如，将文化视作洋葱，表层是外在直观的事物，对应于文化的物质对象；中层是社会规范和价值观；而核心层则是关于人为何存在的基本假设。

（2）非生物遗传性和可习得性

文化不是人们先天遗传而得的，而是经过后天习得而得以继承的。更为有意义的是，人们不仅在自己所生长的社会环境中习得所需的生活方式，当他们进入另一种社会情境中时，也具备习得第二种生活方式的能力，这正是文化的非遗传性和可习得性的体现。

（3）持久性和动态性

持久性表现在两个方面：一是一种文化的形成是一个社会面对无数种生活方式而对某些特定成分做出选择的结果，这个结果往往是稳定的，为社会中的人代代相传。可见，不同社会文化存在差异的原因就在于社会对文化成分进行选择的差异。二是指文化对个体的影响具有持久性，即在一个社会中成长的人，他所采用的符号、所认可的规范、所接受的价值观等在很长时间内都是难以改变的。文化具有动态性，不同历史时期的文化随着地理、科技、意识形态等的变化而变化。尤其近半个世纪以来，以计算机为代表的新技术使得人们的沟通打破了时空的限制，不同文化在交融或冲突中发生了一定程度的变化，但文化的隐性特征稳固而持久，制约着文化的深层发展，因此文化的动态性是相对而言的。

（三）跨文化

跨文化是指跨越了不同国家与民族界线的文化，是不同民族、国家及群体之间的跨文化差异。跨文化强调对与本民族文化有差异或冲突的文化现象、风俗、习惯等形成正确的认识，并在此基础上以包容的态度予以接受与适应。它是人类文化意识随着社会发展而产生的一种自然现象，已经成为一种无法阻挡与回避的趋势。跨文化的特殊含义鲜明地表现在其动词形态上，"跨"是指一种对话、交流与沟通，意味着对某种既定的差异、误读和隔阂的洗涤与消除。

跨文化强调两种或者两种以上文化间的互动，是跨越原有的文化界限之后，个体在不同的文化中产生的中间状态。在该中间状态中，不同文化持续地进行着交流与互动，使这个中间状态成为一个不断变化的过程，即文化互动的过程。

近一百年以来，世界文化的交流和沟通日益频繁，极大地推动了各种历史传统和文化文明之间的尊重和理解。当今世界，随着经济全球化的迅猛发展和"一带一路"倡议的助推，传统成见和壁垒不断被破除，文化交流与沟通更为丰富多彩。来华留学生作为跨文化现象的"承担者"，也是跨文化差异的"感悟者"，促使不同国家的社会文化与中国文化进行沟通、对话和交流，推动了其他国家对中国的理解与尊重，打破了固有错误观念，消除了隔阂。与此同时，在跨文化的沟通与交流过程中，跨文化差异会带来一些难以避免的问题，如社会交往不良、心理不适、日常生活不便等跨文化适应问题，这使跨文化适应成为跨文化研究的热点问题，获得国内外学者的广泛关注。

（四）适应

适应是一个具有多层含义的概念。在生物学中，适应就是生物在生存竞争中适合环境条件而形成一定性状的现象。它是自然选择的结果，如北极熊的白色被毛在冰雪环境中具有保护作用。而在生理学和心理学中，适应指感觉适应，即感受器官在刺激持续作用下所产生的感受性的提高或降低的变化，如人眼对光线的"暗适应"和"明适应"。生物学中的适应及生理学和心理学中的感觉适应均可在动物与人类中进行，是基于达尔文《物种起源》中进化理论即后来被斯宾塞称为"适者生存"概念的进一步解释。也有人将这种现象理解为"顺应"，如心理学家徐光兴认为顺应是"为了保存生物学上的'种'而在个体上产生的种系变化……是指种所遗传的行为方式的发展变化。"上述所讲的适应和顺应都是人类或动物在物种演化中通过对自身的生理调节以与环境达到匹配的过程和结果。但是，人与动物的最大区别就是人创造和发展了文化，同时文化又影响着人的生存和发展，因此将上述适应的含义置于人的适应中具有极大的局限性。在不否定人的生理遗传上的自然适应的前提下，可从以下三个角度进一步理解人的适应。

首先，人的适应是人根据社会环境做出的心理调整。人的任何一个生命历程如婴幼儿时期、青少年时期、中年、老年以及面临死亡的时候都在经历心理的调整和变化，这种调整和变化就是对社会环境的适应过程。适应的结果可表现为自我接受感、自我充实感、满足感、幸福感等，反之，则会出现身心组织的损伤和功能障碍。

其次，人的适应是人对特定社会生活方式的习得与运用。对特定社会生活方式的习得与运用实质上就是文化影响于人的体现。在掌握社会的符号、规范、价值观等后，人的行为与认知易得到社会的认可，达到人与社会的匹配，也就是适应。若缺乏习得或习得程度不够，人的行为与认知就会在所处社会中出现失范即不适应。

最后，人的适应蕴含着人有改变社会环境的可能。人改变社会环境是有可能的，但人只有产生群体力量的时候才更可能实现改变。个体与社会环境的互动并不代表所有个体都会进行心理调整、习得社会生活方式，有些个体会抗拒、试图改变社会环境或与环境隔绝来应对社会环境及其变化。

（五）跨文化适应

什么是跨文化适应？ 1883 年，美国人鲍威尔首次提出这一名词并对其做出解释：异文化者在模仿新社会文化环境中东道国居民行为时所产生的心理变化。1936 年，美国人类学家雷德菲尔德和林顿等人首次对跨文化适应进行了明确界定，他们将其释义为：文化背景互异的个体，在其所构成的群体中，因长期而直接的接触而产生的一种原有文化模式发生变化的情况。在国外学者的研究基础上，国内学者董莘将个体的文化适应看作一个缓慢而渐进的过程。在这个过程中，个体会因首次接触异文化而感到亢奋和愉悦，一段时间过后当文化差异逐渐显现，个体的这种兴奋感也会逐渐减弱转为迷茫和不知所措，但是个体会逐步进行自我调整，保持良好心态，最终实现良好适应。

查阅国外文献可知，其中与"跨文化适应"相对应的英文词汇有"Cross-cultural adaptation"和"Acculturation"，但事实上两者是有区别的。前者主要指个体从一种文化转移到另一种与其当初生活的文化不同的异质文化中后，个体基于对两种文化的认知和感情依附而做出的一种有意识、有倾向的行为选择和行为调整。后者主要指个体从当初所熟悉的母体文化进入异质文化后产生的行为变迁和适应过程，因而它是一种文化适应或外文化适应，国内学者陈向明将其翻译为"涵化"。两者的区别在于前者强调的是行为的选择和调整，多适用于短期旅居者，而后者强调的是文化的融入，多适用于长期移民。本书所研究的对象是来华留学生，其归属于短期旅居者，自然书中所指的"跨文化适应"与英文词汇"Cross-cultural adaptation"相对应，具体指留学生在进入新环境后，所做出的心理及行为等多方面的调整，从而减少个体在工作、学习和生活等方面的冲突及压力，最终获得身心上的舒适和平衡。

（六）跨文化接触

1.跨文化接触的界定

让个体持续暴露于某种事物中可以增加个体对该事物的好感，这就是纯粹接触效应，即熟悉可以产生喜欢。若这种接触发生在拥有不同文化背景的群体之间，并且他们之间产了交流和互动，则称之为跨文化接触。

国外文献对于跨文化接触有以下三种描述"intercultural contact""cross-cultural contact""intergroup contact"，一般将"intercultural contact""cross-cultural contact"翻译为"跨文化接触"，将"intergroup contact"翻译为"群际接触"。国外文献中对于跨文化接触和群际接触没有严格区分，经常通用，因此在很大程度上群际接触也可以说是"跨文化接触"。

2.跨文化接触的研究现状

跨文化接触的研究兴起于20世纪末，大多数研究是针对跨文化接触的影响因素展开的，如外部因素：政治制度、文化距离、风俗习惯、社会观点、社区人口的多样性、思想开放程度以及与目的国社会文化成员的交往等；跨文化接触过程的影响因素：时间、目的、内容以及高低语境等。进入21世纪后，随着高等教育的不断发展，高校发展趋于文化多元化，跨文化接触的研究多围绕多元文化大学的学生进行，研究内容包括跨文化接触的产生、现状及面临的问题等，通过随机抽取多元文化学校的大学生进行个案访谈后，发现他们对跨文化接触有多样性的认识，如接触双方的相同性、课程、友谊形成策略、制度支持、亲和动机和大学生活的参与度对大学生跨文化接触效果有重要影响。近年来，跨文化群体的数量不断增多，研究者开始关注来华留学生以及少数民族学生的跨文化问题，相关研究表明，来华留学生与本国大学生的跨文化接触有助于促进文化交流，消除文化隔阂，提高留学生的跨文化交际能力，增进留学生的心理健康。国内学者王晓玲的研究表明，少数民族与汉族学生的交流与合作，有助于解决其适应问题。

3.跨文化接触与跨文化适应的关系

通过对跨文化适应的相关研究进行梳理发现，跨文化适应的问题实际上是跨文化个体在与目的国文化群体的接触与互动过程中如何看待和应对文化差异的问题。可见跨文化适应主体面临的是一个心理调整和行为选择的问题。跨文化接触能够减少偏见，增加与当地文化群体的交流次数，有利于心态调整和行为选择。相关研究表明，跨文化群体同当地社会文化成员的关系与跨文化适应存在相关性，有当地朋友的跨文化个体存在较少的适应问题，抑郁、焦虑感较低，心理幸福感与生活满意度比较高。文化学习的观点认为，旅居者与当地人进行社会交往，会学到交往与沟通的技巧与规则，减少"不确定性"和"焦虑感"，从而有利于适应新的环境。综合以往研究发现，跨文化接触对跨文化适应有重要影响。

（七）跨文化敏感度

1.跨文化敏感度的概念界定

早期美国心理学家布朗芬布伦纳等提出"敏感性"概念，即对其他群体行为感知和情感差异的关注。敏感度高的人擅长观察和比较自己与他人的差异，并且拥有较高的共情能力，在沟通时能保持清醒的头脑，接受和欣赏不同的观点且认知闭合需求较低。

布里斯林等人提出跨文化敏感度（ICS）是用来研究人们对处在与自己不同文化背景中的人们的观点如何反应，人们对待文化差异的态度以及行为的。他们在集体主义和个人主义的基础上，设计了测量 ICS 的问卷，对 ICS 的研究做出巨大贡献。自此开始了对 ICS 的实证研究，启发了后来研究者对 ICS 的进一步探索。

法国心理学家贝纳特提出跨文化敏感度是个体对于不同文化之间存在差异的认可和接纳程度的组织构建倾向，并建立一个发展模型界定了跨文化敏感度发展的阶段。跨文化敏感度的发展会经历从种族中心主义到种族相对主义的过程，其中种族中心主义包括：否认阶段、防御阶段和最小化阶段；种族相对主义包括：接纳阶段、适应阶段和整合阶段。贝纳特认为个体的跨文化敏感度越高，对于不同文化之间存在差异的认可和接纳程度就越高。

毕磊在总结前人观点的基础上，提出了情感—认知—行为的跨文化沟通理论，该理论认为跨文化敏感度属于个体的情绪、情感等方面的能力，涉及环境、人和情境对个体情感或感受的变化的影响，包含四个方面：开放思维、自我概念、社交放松和非判断态度。毕磊的研究对于跨文化敏感度相关理论的发展具有较大的开创性的影响作用。

英国心理学家维斯曼依据跨文化领域的相关研究，认为跨文化能力包括认知、情感、行为三个方面。陈和斯塔罗斯塔在维斯曼的研究基础上将跨文化敏感度划分为情感角度的能力，并重新进行定义：个体在理解和欣赏文化差异方面所形成的积极的情绪能力，这种能力能够促使人们产生有效的跨文化交际行为。陈和斯塔罗斯塔的观点得到了大多数跨文化研究者的认同，由此奠定了陈和斯塔罗斯塔在跨文化敏感度研究领域的权威性，目前所用的理论框架都是遵循他们的论点展开的。

2.跨文化敏感度的研究现状

（1）国外研究现状

美国行为学家奥尔森和克勒格尔通过对新泽西城市大学的 52 名留学生进行调查，发现留学经历和二外水平与跨文化敏感度度显著相关，出国经历越丰富，二外水平越高，跨文化敏感度就越高。梅松和布兰斯顿对一所国际学校高中生的跨文化敏感度水平进行了测试，结果发现学生在校时间越长，其跨文化敏感度水平越高。

（2）国内研究现状

彭世勇的一系列研究表明跨文化敏感度会受到外语能力、外语学习经验以及职业和国籍的影响。周杏英对中国大陆英语专业学生的跨文化敏感度进行测评，发现其跨文化敏感度整体处于中等偏上水平，而非英语专业学生的跨文化敏感度处于中等水平。周杏英、云芳通过对 168 名中国外贸从业人员进行分析，发现跨文化敏感度的高低会对冲突处理方式产生影响，中国外贸人员普遍选择用妥协、回避和整合的方式来处理跨文化问题，在跨文化敏感度的六个维度中，文化差异认同度最高，交际愉悦感最低。近年来，随着高等教育的迅速发展，高校文化趋于多元化，针对高校留学生和少数民族学生的跨文化敏感度的研究逐渐增多。

王晓玲对民族院校和非民族院校学生进行对比，证明跨文化接触与跨文化敏感度显著相关。叶侨燕的研究证明与中国学生混住的来华留学生的跨文化敏感度更高。

3.跨文化敏感度与跨文化适应的关系

跨文化敏感度能够促进人们做出有效的跨文化交际行为，积极驱动人们认识、理解和欣赏不同文化之间的差异，获得多元文化的心态。美国心理学家贝内特建立了一个发展模型用来描述跨文化敏感度，认为这是个体对文化差异的一种组织构建倾向，目的是引入一系列相关概念和技能来帮助学生解决跨文化问题。跨文化敏感度较高的人具有良好的自我评价意识和较强的自我监控能力，思想较为开明，愿意向对方公开自己的观点，更能够认同、接受和欣赏不同的观点，从容地应对跨文化交际过程中出现的各种文化差异，从而更快地适应陌生环境，相应的文化焦虑感较低，较少产生挫败感、疏离感、抑郁等各种心理压力，提高其跨文化适应能力，可以使其最终能在目的国有效地进行交流和生活。

二、跨文化适应的理论基础

（一）跨文化适应的理论

1980年至今，跨文化适应研究在无数学者的共同努力下获得快速发展，其中有三种理论较有代表性。

1. 压力应对理论

压力应对理论源于社会心理学，该理论将跨文化适应视作一个积极应对压力的过程，其核心观点认为跨文化旅居者应形成策略应对压力。压力应对理论认为跨文化适应的影响因素包括：个人因素如生活变化、人格、评价与应对风格等；情境因素如社会支持等。

2. 文化学习理论

文化学习理论源于社会和实验心理学，代表人物是弗穆罕姆与博赫纳，他们认为跨文化适应是通过学习目的国文化知识与技能对思维模式进行调整的过程，最终获得适应新的文化环境的能力。文化学习理论认为跨文化适应的影响因素包括：对目的国文化的了解程度、学习语言能力、表达能力、沟通技巧、居住时间、与目的国社会成员接触的频率及质量、文化距离、朋友网络、跨文化经验等。

3. 社会认同理论

社会认同理论源于种族、跨文化及社会心理学，主要研究涵化模式与身份的关系。该理论认为跨文化适应中充满文化身份及群体间关系的认识变化。身份是跨文化旅居者的根本问题，并且跨文化适应的影响因素包括：对东道国文化的了解、文化身份、文化相似性、东道国成员与旅居者之间的相互态度等。

这些理论从情感、行为、认知等不同角度揭示了跨文化适应的本质。

（二）跨文化适应的维度

在这方面的相关研究中，美国决策心理学家沃德等人的分类观获得了学术界的一致认同。他们主要从心理和社会文化两方面对跨文化适应进行了深入而细致的研究。前者侧重对研究对象的心理健康和生活满意度进行考察，后者则侧重考察研究对象是否能够顺利适应新的文化环境，进而与当地人开展良好的沟通与交流。在借鉴上述分类观的基础上，国内学者朱国辉从留学生区别于一般旅居者的"学生"身份出发，突出其特殊性，创造性地提出学术适应这一维度，侧重调查留学生在东道国教育环境中的学习适应状况。

（三）跨文化适应的测量

由于跨文化适应的定义与分类不统一，目前跨文化适应还没有被广泛认可的测量工具，研究者大都结合本学科特点及倾向的理论自编或改编其他研究者的测量量表，沃德的社会文化适应量表（SCAS）是目前应用比较广泛的一个量表。国内学者大多采用29个项目的自评量表，受访者评估自身在跨文化接触中体验到的社会文化适应困难程度，若报告的困难少，则说明跨文化适应好，从而体现作答者在社会文化适应上的认知及行为技能。该量表用来评价社会适应状况具有较高的信度和效度，是个比较成熟的量表。沃德认为Zung氏自评抑郁量表是跨文化心理适应较合适的测量工具。也有人用主观幸福感和生活满意度量表来测量心理适应。

目前国内研究较多采用沃德的量表来评估社会文化适应状况，如雷云龙、甘怡群对来华留学生进行跨文化研究时使用了这个量表，并结合访谈对量表进行了局部调整。朱国辉认为，国际学生的跨文化适应由社会文化适应、心理适应、学术适应三个维度构成，社会文化适应量表和心理适应量表分别是沃德和Zung的量表，学术适应量表自编。也有学者直接将沃德的社会文化适应量表作为跨文化适应情况的测量工具。陈慧设计的《在京留学生适应问卷》认为跨文化适应应包含环境、交往、交易、隐私观念、语言和社会支持六个维度。本书将采用沃德的观点，使用社会文化适应量表和Zung氏自评抑郁量表（SDS）来测评留学生的跨文化适应情况。

（四）跨文化适应的模式

关于跨文化适应模式，国内外大多数学者认同以下几种划分：学习过程模式、认知知觉模式（即压力－应对模式）和复原模式。

学习过程模式通常将个体对新环境的适应看作一个不断变化的学习过程。在这个过程中，个体会因初入新的环境而感到新奇和兴奋，也会随着文化差异的逐渐显现而感到无措和迷茫，更有甚者可能产生一定的心理问题。而这一系列的心态变化受个体在新环境中获得的社会支持、当地人对自己的态度、文化差异的大小以及自身东道国语言水平高低等多种因素的影响。如果个体在新环境中能够建立良好的社会支持系统、获得足够的支持服务、得到当地人的友好对待、具有较高的外语水平且其来源国与东道国间的文化差异不大，那么个体就能较为有效地克服可能存在的适应困难，顺利实现对新环境的文化适应。这一跨文化适应模式重点考察个体跨文化适应过程的动态变化，以及个体的社会技能和社会交往对其适应状况的影响。

认知知觉模式通常将个体跨文化适应过程描述为其认知系统的平衡—失衡—恢复平衡的动态过程。在这个过程中，个体因为其在生活方式、行为习惯和价值观念等方面的差异感受，而产生一定的压力反应。这种压力导致的失衡迫使个体不断进行认知、行为和情感方面的调整以实现对新环境的最终适应。因此，该模式也被称作压力–应对模式，尤以美国心理学家班尼特的跨文化敏感性理论为代表。

复原模式认为个体对新环境的适应是一个动态的过程。在这个过程中，个体最开始感受到的是兴奋，之后渐渐感受到危机，最后逐渐实现对东道国文化环境的适应。该模式以美国文化人类学家奥伯格的 U 型曲线理论为代表，将个体适应新文化环境的过程分为四阶段，即蜜月、危机、调整和适应。

三、跨文化适应研究的理论视角

（一）跨文化适应研究的起源和发展

在跨文化适应这个概念出现以前，《圣经·旧约》中的摩西法案中便有稳定文化活动、减少文化变化的主张，另外老子也提出要小国治理、控制人口规模以避免交流甚至与最邻近的国家进行交流的看法。最早关于跨文化适应的学术性描述可追溯至柏拉图，他认为人类有模仿陌生人及旅行的倾向性，而这些行为会引入新的文化活动，由此他主张减少文化之间的接触，但并非完全文化隔离。真正意义上的跨文化适应研究始于人类学及社会学领域，且多从群体层面进行研究。而注重个体层面的研究是近一个世纪以来精神病理学及心理学在跨文化适应研究中的主要贡献，且根据居留期限可将跨文化适应的研究对象分为两类：一是长期居留海外的难民和移民，二是短期居留海外的"旅居者"。这些旅居者居留海外的时间相对短暂并且有回国的计划，一般居留海外六个月至五年是通常采用的参数，包括外派商业人士、学术流动中的国际学生及学者、游客、传教士、驻外外交人员、科技人员及军事人员等。进行个体层面的跨文化适应研究经历了以下发展过程。

1. 第一阶段：20 世纪初至 20 世纪 70 年代中期

真正意义上的跨文化适应研究始于 20 世纪初的美国，关注的对象是移民及其精神健康问题。1903 年美国人口普查的数据表明，仅占总人口 20% 的移民占住院病人总数的 70%，尽管人口普查数据受到多种复杂因素的影响并不具有准确的统计意义，但流行病学的相关调查进一步表明存在住院病人中移民的人数占据比例过高的现象。此后三十年中，人们对移民与本地人进行了较为系统的比较研究，同时移民跨文化适应问题的研究也陆续在英国、澳大利亚、加拿大、德国及南非等国展开，这一时期的研究结论都一致认为移民与心理异常存在关系。

值得关注的是，美国社会科学研究会资助了一批以国际学生适应问题为主题的研究，但这些研究由于缺乏强有力的理论基础而沦为十足的研究报告。总体上这一时期的跨文化适应研究具有以下特点：一是研究结论主要为政府移民方案、国际学生的筛选方案提供设计依据，政治和经济的意义更为突出。二是研究对象多数为精神病院的移民，且倾向于采用大规模的流行病调查方式。三是基于精神病理学而得出共同的研究假设，即移民与精神疾病之间相关。

2. 第二阶段：20 世纪 70 年代末至 80 年代中期

上一阶段中一致认为大部分移民存在精神异常的观点于 20 世纪 70 年代末开始遭到人们的质疑，一些研究者不再以精神病院的移民病历为依据而转向对移民心理沮丧如焦虑、抑郁及抱怨等现象进行以社区为单位的调查。调查结果呈现多样化的特点，如一些研究表明移民与本地人之间在心理沮丧问题方面并不具有显著差异，甚至在移民群体中心理沮丧症状更少。更为关键的是，这一时期的研究开始探寻移民出现心理异常的原因以及心理异常率增高的情境因素。

跨文化适应研究在此阶段呈现出以下特点：第一，理论研究偏向于研究者的主观描述，缺乏解释性的理论视角。第二，实证调查缺乏理论指导，且缺乏严格的研究设计。第三，研究样本较难获取，一些研究并未选取具有代表性的样本而更多采用"方便取样"的方式。第四，无论是理论描述还是实证研究都更为注重移民的负面情感反应。

3. 第三阶段：20 世纪 80 年代后期至今

20 世纪 80 年代中期以后，跨文化适应研究得到了前所未有的突破和发展，具体体现在以下几个方面。

首先，从动态的角度研究跨文化适应，而非仅限于对负面经历的静态描述和论证。跨文化适应是动态发展的，不同时间阶段和不同社会情境中跨文化适应的经历各不相同，并且动态发展不仅体现在长期或短期居留海外的人员身上，而且发生在东道国成员中。

其次，出现了两个新的理论视角，即压力应对与文化学习。前者将跨文化适应视作一个体验压力、采用策略或适宜的"处置"方法如咨询及治疗的过程，后者则认为跨文化适应是一个学习的过程,强调采取适宜的干预策略如行前准备、到后教育及学习东道国的相关社会文化技能。

最后,研究方法趋于多样化且研究对象不断丰富。一些研究者开始采用纵向研究手段和更为强大的数据分析方法,如建立因果模型等。

(二)跨文化适应研究的传统与现代理论视角

1.跨文化适应研究的传统理论视角

跨文化适应研究自其起源便将移民的问题归结为精神健康的范围,并推崇采用临床精神病理的方法来进行治疗。正是在这一根深蒂固的观念的影响下,传统的跨文化适应研究中提出的理论大多带有临床医学的特征,且要求对移民群体进行医学治疗,具体如表 3-1 所示。表中前七种理论视角与移民精神健康的观念基本相符,并从两个角度解释了移民精神健康问题背后的原因。

首先,移民的精神健康主要受到先行个体因素的影响,这些因素包括由于个体进行移民而产生的悲伤与剥夺感、宿命论即放弃对生活事件的控制以及不现实的期望。其次,认为移民精神健康发生变化是由移民经历本身带来的负面生活事件、缺乏社会支持网络以及价值观差异而造成的。社会技能与文化学习观是跨文化适应研究的第二阶段中研究者对长期占据统治地位的移民精神健康问题的质疑中较具代表性的观点,它起源于英国社会心理学家阿盖尔与肯登关于人们相互交流是相互组织好的且具有技能的行为的观点,认为跨文化适应问题并不完全表现为压力甚至精神紊乱,而是缺乏适宜的东道国社会技能的表现,应通过文化学习而非精神病治疗来解决跨文化适应问题。

表 3-1 跨文化适应研究的传统理论视角

理论名称	认识论基础	代表人物	核心观点
悲伤与剥夺感（迷失观）	心理分析	鲍比	将移民视作迷失经历
宿命论（控制点）	应用社会心理学	罗特	具有工具性信念而非宿命性信念适应会更好
选择性移民观	社会生物学（新达尔文主义）	威尔斯	个体适应和预测适应即进行严格的筛选,有利于移民的适应
期望观	应用社会心理学	费瑟	对新环境生活期望的准确性与适应相关

理论名称	认识论基础	代表人物	核心观点
消极生活事件观	临床心理学	霍姆斯&瑞赫	移民意味着生活变化，适应这些变化充满压力且会导致疾病
社会支持观	临床心理学	布朗	社会支持网络在生活事件与抑郁中发挥缓冲作用
价值观差异观	社会心理学	默顿	价值观差异造成不良适应
社会技能与文化学习观	社会心理学	阿盖尔&肯登	缺乏社会技能会导致跨文化问题

2. 跨文化适应研究的现代理论视角

20 世纪 80 年代中期至今，跨文化适应研究获得空前发展，研究对象涉及除移民以外的难民、国际学生、居留海外的技术工人、游客等，实证研究的设计及结果多种多样，但有三种理论视角广为采用并在过去的二十多年中不断获得发展，具体如表 3-2 所示。

压力应对与早期移民精神健康的医学视角有相似之处，它实际上部分源于早期理论中的消极生活观，不同的是，压力应对理论虽认为跨文化适应是压力刺激引发的生活变化，但强调利用相关资源与应对策略来缓解压力，将跨文化适应视作一个积极应对压力的过程。该理论框架将个体与情境的特征共同融入对新文化适应的过程中，这些个体或情境的特征即表 3-2 中的影响因素，或阻碍或促进跨文化适应。

表 3-2　跨文化适应研究的现代理论视角

理论名称	起源	理论前提	核心观点	影响因素	预防或干预方法
压力应对	社会心理学	生活变化充满潜在压力	跨文化旅居者应形成策略应对压力	个人因素如生活变化、人格、评价与应对风格等；情境因素如社会支持等	进行压力处理技能的训练、咨询
文化学习	社会及实验心理学	社会交流是相互组织好的、具有技能的行为	跨文化旅居者应学习相关社会文化技能以更好地在新环境中生活	对新文化的了解、居留时间、语言或交流能力、与东道国成员接触的频率及质量、朋友网络、之前的跨文化经历、文化距离等	行前准备、到后教育、进行社会技能训练

续表

理论名称	起源	理论前提	核心观点	影响因素	预防或干预方法
社会认同	种族、跨文化及社会心理学	身份是跨文化旅居者的根本问题	跨文化适应中充满文化身份及群体间关系的认识变化	对东道国文化的了解、东道国成员与旅居者间的相互态度、文化相似性、文化身份	提升自尊、克服障碍以促进群体间的和谐、强调群体间的相似性

极力推崇文化学习的重要代表人物是弗穆罕姆与博赫纳。他们认为文化学习理论更具积极意义，一是因为跨文化旅居者经历挫败的现象并不会完全体现出精神病理的症状，而是他们缺乏必要的文化知识和技能的表现；二是适应一种文化带有文化沙文主义的论调，但学习第二种文化并不会带有这种论调。文化学习理论将跨文化适应视作学习东道国相关知识与技能的过程，其结果是跨文化旅居者能有效地在东道国进行交流。

社会认同围绕身份与涵化模式进行了相关研究。对身份的认知源于社会身份理论，涉及群体成员身份对个体身份的影响并强调社会类型、社会比较与自尊、内群体偏爱、外群体贬低的关系，以及其他跨文化因素如个体主义、集体主义等对群体成员身份、认识及交际的影响。在社会认同的视角下，涵化是一种状态而非一个过程，并围绕涵化的定义与测量展开了大量的研究。此外，至今研究者归纳出三种涵化模型，即单向、平衡及类型涵化模型。除对身份及涵化的探讨外，社会认同理论视角也涵盖来自交际学中的研究成果如甘迪坎斯特与汉默的不确定规避理论，该理论强调陌生与不熟悉是跨文化适应中的重要特征，跨文化适应主体应减少不确定性发展对自身行为和他人行为的预测和解释。

现代的三种理论视角分别侧重跨文化旅居者的情感、行为和认知要素，沃德等人曾力图整合这三个视角提出跨文化适应的 ABC 模型，但至今未有人对此模型进行验证。总之，上述三种理论视角较早期的理论更具解释性，但是否适合解释本书的研究对象——来华留学生的跨文化适应问题，还有待进一步结合国际学生本身的特质进行理论探索和实证分析。

四、跨文化适应与文化新颖性

（一）文化新颖性的概念

提到文化新颖性，首先要对文化距离的概念有所了解。"文化距离"这一概念是 1980 年被提出的，指的是东道国文化与母文化之间的"距离"，是由于地理空间的隔阂造成文化共同点少而产生的陌生感。寇伽特和辛格在 1988 年将文化距离定义为"某个国家的文化规范与另外一个国家的文化规范之间的差异程度"。英国心理学家弗海姆曾提出，文化距离可以帮助解释留学生在国外学习的压力大小，文化距离是受一系列因素影响的一个概念，并不是一种物理距离。可以通过以下三种方式测查文化距离：测查感知文化距离、计算文化维度指数和聚类划分文化群。一般认为，旅居者感受到的差异越大，则累积压力程度越高，会产生心理不适。沃德等研究发现，旅居不同国家的马来西亚学生的跨文化适应水平不一样，原因可能是若母国和东道国属于同一个洲则文化距离较小。但是地理距离不等于文化距离，由于学者还没有讨论出文化距离的核心概念是什么，仍约定俗成按照地理距离或者文化圈来衡量文化距离。尽管如此，我们也不能忽视两个"文化距离"相近的文化之间的跨文化适应问题。

既然传统文化距离尚不足以解释文化之间的真实差异，那么，文化新颖性的概念能让我们更好地理解这一点。文化新颖性也称为"感知的文化距离"，简单来说，就是从认知的角度理解文化距离，是一种主观感知。文化新颖性是指旅居他国的人认知的母国文化与居住国文化间的差异程度。由于个体差异，每个人对母国和目的国的文化认识不一样，用文化新颖性来理解文化距离更能从个体层面反映文化的差异。

留学生留学归国，在母国虽然体验到的文化新颖性不大，但也会产生适应不良，即文化回归的冲击。而通常，当旅居者接触到与母国文化差距大的情境时，便更容易感知到难以融入当地环境，从而产生心理失落感。适应压力产生于生活的变化，此时，母国文化与东道国文化的距离的差异发挥着调节的作用。

（二）文化新颖性的测量

1989 年，J. 斯图尔特·布莱克在其文章中采纳了托比奥隆的研究，提出用天气、住房条件等八个项目来测量文化新颖性。这些项目高度概括了文化适应在日常生活的各个方面。最初的问卷为五点 Likert 计分，描述外派目的国与美国之间文化的相似程度。当时报告的信度为 0.64，外派者感知到的文化新颖性均分为 3.93。王泽宇等人对外派学者进行测量，对该量表进行验证，结果显示问卷效度良好。

（三）跨文化适应与文化新颖性的关系

根据文化新颖性的概念和相关研究，产生跨文化情境适应问题的原因是留学生体验到了文化差异。方媛媛研究中国的海外留学生发现，祖国与所留学的目的国文化差异越小，中国留学生就越能适应留学国的文化差异。从理论上分析，不同人的爱好、个性、经济、信仰等文化和社会背景都存在不同程度的差异，在人际交往中的信息不对称，导致不可能完全理解彼此，会产生误解，甚至发生冲突。王泽宇、王国锋、井润田在对中国外派到其他国家的访问学者进行大样本调查的基础上进行实证研究，得出文化新颖性与跨文化适应的3个维度（总体适应、互动适应、工作适应）都呈正相关关系，即文化新颖性大，跨文化适应较容易。因为作为专门从事研究工作的外派学者具有好奇的本性，文化对他们来说越新，就越容易激起他们的好奇心和求知的欲望，反而会促进跨文化适应。由此，可以推断留学生文化新颖性感知对其跨文化适应具有显著的影响，至于是积极还是消极的影响，有待进一步考证。施聪慧从文化距离角度分析来华留学生的跨文化适应，结果发现：美国与中国的文化距离大于韩国与中国的文化距离；文化距离较远，人际互动适应较好，但社会文化适应其他方面与文化距离并无联系，文化距离越小，心理适应越好。鲁丽娟的研究认为文化新颖性与社会文化适应负相关（其研究的文化新颖性量表得分越高表示文化差异越大），与心理适应正相关。秦洁使用了古德伯格的一般健康量表作为心理适应的测量工具，研究证实心理适应与文化新颖性没有关系。

五、跨文化适应与心理资本

（一）心理资本的概念

心理资本理论从经济学、组织行为学和管理学中延伸而来，为跨文化适应研究提供了新视角。心理资本概念的出现与人力资本和积极心理学息息相关，心理资本是影响跨文化适应的诸因素之一。心理资本这一概念最早见于经济学等文献中。2000年，心理学家塞利格曼和契克森米哈最先提出经济心理学的概念；罗伯茨建议把它纳入组织行为学中。美国学者弗雷德·卢桑斯提出了积极组织行为学（POB）；随后，卢桑斯等人进一步形成积极心理资本（PPC）概念。现在积极心理资本的研究重点不在于强调它的重要性，而是集中于理论建构、积极特质的有效应用。

积极的心理资本是个体在成长和发展过程中表现出来的一种积极的心理，强调的是"你是谁""你想成为什么"。心理资本可分为以下三种类型：状态论，认为心理资本是一种积极心理状态；特质论，即心理资本是一种人格特质；综合论，即心理资本是心理状态和人格特质的结合体。学者不断对心理资本的概念进行完善和修正，并对其内涵结构进行划分。最早戈德史密斯认为心理资本的结构要素是自尊，贾奇认为是核心自我评价，莱彻将大五人格作为心理资本的结构。从拉尔森开始，自信、希望、复原力等因素纳入心理资本的结构。但最被人普遍接受的还是代表性人物美国学者卢桑斯对于心理资本的定义。他认为积极心理资本是指个体的积极心理发展状态，包括自信或自我效能感，即相信自己经过努力能够成功；希望，即为了取得成功，指向特定目标；乐观，即在当下或未来时间点都将成功进行积极的归因；韧性，即能够从挫折中快速恢复过来。

（二）心理资本的测量

以往的学者在心理资本的结构要素及测评工具研究上都有不同，这些分类系统得到研究者不同理论视角、不同质量资料和样本等的支持。彼得森和塞利格曼指出，一个分类系统应该服务于现有的领域，但就积极心理学而言，它不是穷尽所有的心理特质，应该将这些特质与特定的领域相结合。正是因为对心理资本概念内涵的理解有差异，导致测量工具不一致，因而有必要对这些量表的信度和效度进行检验。总体而言，卢桑斯对于心理资本的测量研究还是最为广泛、深刻和成熟的。卢桑斯等人基于工作情境开发了24题的心理资本量表，包括自信（自我效能感）、希望、乐观和韧性（也被翻译为心理弹性、复原力）4个维度，每个维度6道题。我国南开大学张阔等根据我国的实际情况，编制了积极心理资本问卷（PPQ），问卷包括4个维度：自信7题；韧性7题；希望6题；乐观6题。姚姝慧参照卢桑斯的心理资本问卷，采用五点计分测量留学生的积极心理资本，问卷信度为0.754，结构可接受。

（三）跨文化适应与心理资本的关系

一直以来，学者都认为个体的内在特质会影响跨文化适应的发展，控制点、自尊、人格等因素都曾被学者视为跨文化适应的前因变量。心理资本的提出时间不长，但是心理资本在促进个体发展上是一个非常有活力的因素，因而受到现在学者的广泛关注。而目前将心理资本纳入跨文化适应研究的还不多。姚姝慧对151名留学生进行问卷调查的实证研究发现：留学生的心理资本与跨文化适应呈显著正相关，心理资本对文化智力和跨文化适应关系有正向的调节作用，其中心理资本的坚韧维度的调节作用最大。可见，心理资本的确在跨文化适应中具有一定影响。

第二节　跨文化适应的方式与影响因素

一、留学生跨文化适应的方式

跨文化心理学家约翰·贝利认为文化适应实际上是一个建立新文化体系的问题。它不仅存在风格、信仰、制度等的再解转，而且存在目标与价值，行为与规范的再取向。

约翰·贝利教授通过研究加拿大移民发现文化融合是最理想的文化适应方式，在跨文化适应过程中，既能保存自己的文化，又能吸收外来文化的优秀的内容，从而把两种文化的精神相结合。为了在国外顺利地生活，留学生必须采取这种适应方式。

最无效的文化适应方式是文化边缘化。在这种情况下，来自少数文化的成员既不被鼓励保留他们自己的文化准则，又不被接纳加入主流文化。"边缘人"的内涵最早是社会学家乔治·齐美尔赋予的，而最早揭示人的"边缘性"这一特征的是美国著名社会学家罗伯特·帕克。1928 年，帕克在美国社会学杂志第三期上发表《人类的迁移与边缘人》一文。在文中，他沿着齐美尔的思路，将边缘人形象地比喻为文化上的混血儿。他们游走在两个不同的群体中，但又不属于任何一方，他们的自我概念是矛盾的和不协调的。

在上述两者之间的是文化同化，即少数文化的成员单方面去迎合主流文化。许多在发达国家留学的第三世界的留学生将其视为融入主流文化的方式。然而，留学生如果被所在国文化过分同化的话，他们回国后就有可能受到指责，来自少数文化的成员可能失去自己的文化传统。

二、影响来华留学生跨文化适应的因素

在对留学生跨文化适应现状的分析中，我们发现留学生在华学习期间或多或少都会因为离开自己所熟悉的本土环境，与新环境不适应而导致"文化休克"，这种不适应因人而异，可能是心理上的，可能是语言上的，可能是学习上的，也可能是无法融入周围环境等。通过整理调查问卷和访谈记录，我们把影响被调查对象的跨文化适应的因素分为内部因素和外部因素两大方面。

（一）内部因素

内部因素，主要从来华留学生个体微观层面来分析，包括来华留学生的语言适应能力、心理适应能力、学习适应能力和交往适应能力四个方面。

1.语言适应能力

语言作为人们交流的主要工具，如果没有好好掌握，将会是一个始终伴随来华留学生在华学习生活的障碍。就像奥伯格把跨文化适应的过程分为 4 个阶段一样，来华留学生初到中国时，新鲜感和好奇心超过了他们刚来这里的不适应感，让留学生对学习汉语充满热情，日常问候"How are you"变成了"你好吗""吃过饭了吗"。但是汉语的学习涉及听说读写的每个方面，其困难程度胜过世界上任何其他语言的学习。

多哥籍学生小 A 在接受采访时说："中文太难了，我来中国 5 年了，汉语水平在同学中也算是不错的了，可是平时和导师交流问题时，要完全理解导师话里的意思，还是有点困难。当然在学校还好一些，有时候出去买东西才尴尬，有些当地的小摊贩的卖家说话发音带着地方口音，我们得说着带比画着才能让双方听懂彼此的意思。"这还只是汉语听说上遇到的困难，可是一旦无法克服，就会让留学生陷入不愿意张口说汉语的境地。走访过程中，当问到"您刚来中国的时候，经常会遇到哪些方面的困难"时，超过 70% 的留学生的第一反应就是语言不通，语言交流的障碍导致他们提不起学习汉语的兴趣，也挫伤了他们和中国学生交朋友的积极性，这也就是"文化休克"。

同时，采访过程中，也有不少学生反映，课堂上跟着教师学汉语不具有连续性："对于我们这种非语言类的留学生来讲，汉语的课时很少，书本上能学的也很有限，课后很少有练习的机会，我们这种初级水平，和中国同学用汉语对话几乎不可能。而且中国学生大多笔试能力强，对英语的听说也不是很擅长。长此以往，这种语言上的交流障碍让我们很难融入彼此的圈子。"正如孟加拉籍留学生小 B 说的那样："我们都是亚洲人，长相也都差不多，但语言上的障碍依然是一道鸿沟，让我们觉得自己是'外国人'，能说一口流利的汉语真的很难。"语言障碍与来华留学生的日常生活密切相关，不仅会影响到他们的人际交往，还会影响到他们学习的积极性。

调查显示，大部分公费来华的留学生都选择用汉语授课。他们在进行专业学习前，需要经过一些汉语水平测试。然后，学校会再根据学生的实际汉语水平决定其是进入专业学习还是要增加汉语补习。但是从实际情况来看，即使好多学生在当时通过了语言能力测试，在实际的专业学习中还是会因为语言障碍面临许多问题，例如，听不懂课堂上的专业术语，平时很少参加学术沙龙，考试通过率低等。当问到课余时间"你是否会参加本专业的学术沙龙或者学习园地"时，参与调查的来华留学生中只有 20.1% 表示偶尔会参加，而且这部分留学生以亚洲学生居多，问及原因时很多留学生的回答都是"听不懂"或者"交流有障碍"。"我现在汉语已经达到了 HSK6 级的水平，我对中国的近现代史很感兴趣，想对这一方面进行学习研究，我的老师也推荐我读了一些相关书籍，可是想精通汉语真的不容易，特别是对于我这种想学社会科学的人来讲，所以我接下来的重心还是要放在语言关上。"来自意大利的小伙子被问及这个问题时，说出了自己关于学业的规划。

2. 心理适应能力

心理适应障碍是来华留学生跨文化适应中相对较难的一个课题，就像心理学家金永云提出的适应理论一样，他指出个体从母体文化向异质文化的过渡是一个长期积累的过程，具体表现为压力—调整—前进这样的一个动态的过程，这里的压力指的就是个体在跨文化适应过程中遇到的心理适应障碍。在对这个问题的了解中，我们特地预约采访了留学生辅导员和学校心理健康中心的教师。

"留学生这个群体比较特殊，一个人来到中国学习，平时在生活和学习上遇到问题不及时解决，很容易出现抑郁、自闭之类的临床症状。前段时间为一个学生做心理疏导时，发现一个中外学生的不同点。中国学生大多群居生活，寝室 6 人间、8 人间都很常见。这样的话，一旦某个同学心情不好或者状态不对，其他室友很容易就能发现，或帮忙开导，或报告老师、辅导员，这样即使有问题也不至于发展成大问题。而据我了解，留学生大多住双人间或单人间，这样出现问题一是周围没有人倾诉，二是也不易被人关注到。一个人长时间憋着，很容易让小问题发展成大问题，之前遇到的就有酗酒、抑郁甚至感觉学业压力大想不开的学生。"心理健康中心的教师在接受采访时这样说。在对学生的走访中，发现一尼泊尔籍的女学生有很大的心理压力，在学习中有急躁情绪、畏难情绪，觉得"课程太难了"，她很希望自己语言和学业上的进步能够得到周围人的认可和鼓励，她的专业课程是插班学习，和中国学生一起，同样的内容，感觉中国学生一听就能理解，而自己却觉得特别吃力，在回答问卷中"对于集中精力学习，通过考试"是否有困难时，她还特别备注了一下，说自己也能好好听课，积极思考老师提的问题，下课还经常和同学一起交流课堂上的重难点，可是每次考试，中国学生轻轻松松就能考八九十分，自己却只是勉强及格，这种情绪一度让她感到很郁闷。来自韩国的学生小 C，没有感到太多来自周围人和外界环境的好奇，感觉"还挺习惯的"。但是，毕竟身处异国他乡，因此偶尔想家，想念家人朋友时，心里还是会难受。针对文化适应这个问题，在采访的过程中，确实有好多学生都感觉刚开始自己很难真正融入中国人的交友圈子，在这里找不到归属感。不过对来华时间较长的学生进行采访，他们都觉得"这里的人其实很友善，也很好交朋友"。这就到了奥伯格 U 型模型的第四个阶段，当个体经历了文化的冲突和适应后，开始重构自己的价值观念和行为模式，也逐渐获得满足感，这也是金永云在其适应理论中所描述的个体在跨文化适应过程中经历的"压力—调整—前进"的这样一个过程。

3. 学习适应能力

学习是留学生来华的首要目的之一。众所周知，西方的课堂和我们的有很大差异。国外课堂比较开放和包容，教与学是师生共同交流、探讨以及思维碰撞的过程，学生有较多的机会和自由来表达自己的观点和见解，这样的教学方式往往能够激发学生的学习欲望和探索欲望，而我国大学的课堂教学仍然比较传统。在分析问卷"习惯中国教师的教学方法是否困难"时，发现有 67.2% 的学生反映会有不同程度的困难，这说明来华留学生对于中国教学方式的适应确实是个问题。一个俄罗斯籍的大三学生小 D 说在中国已经生活、学习了近三年的时间，她的专业是汉语言文学，她说自己毕业后想回国做一名汉语教师，让更多喜爱汉语的人有机会学习汉语。采访中她说她了解到中国学生学习师范的有好多到中小学实习的机会，然而留学生这样的机会却很少。确实，与中国学生相比，留学生的实践性和意愿更强，相当一部分受访者表示希望在华学习期间能多一些校外实习的经历，以便自己能够更好地了解中国科技的发展和经济的腾飞。

另外，针对学习上的不适应，语言障碍也是不能忽视的一个因素。来自几内亚的学生在受访时说："自己的母语是西班牙语，刚来中国时，汉语和英语都不好，学习和生活上都很困难，还好学校为我们开设了汉语课，还对我们这些困难生进行'一对一'帮扶，我们才慢慢适应了在中国的学习生活。"最后，针对"你是否适应中国大学的课堂氛围"这一问题，不适应的学生给出了以下原因："不是很适应，因为老师讲的时间太长，给我们独立思考和交流的时间有点短""老师大多按照课件上的内容来讲，很少有扩展性和发散思维的知识点"。

4. 交往适应能力

交往适应和个体性格有一定的关系，具体适应能力因人而异。个体在进入新环境后，较强的交往适应能力可以帮助其获得个人之间相互交流思想和情感的满足感。正如路易斯在他的理性寻求模式中表达的观点一样："个体在进入异质环境后，要通过理性寻求去解决遇到的困难，这种理性寻求模式的大部分内容都是以具体的交流策略为基础的。"但是，在现实生活中，大多来华留学生自我意识比较强，遇到困难，往往不愿意与其他同学、同胞或者教师沟通，这在一定程度上也影响了留学生的跨文化适应。当然，这一方面可能是由语言障碍导致的。确实，语言障碍不容忽视，或是说话方式有差异，或是思维习惯不同，当语言作为一种符号为我们所用时，不仅会影响留学生的文化适应过程，而且会影响留学生的日常生活，同时也会影响到他们和他人的交往当然也包括学术参与。另一方面原因可能是文化差异导致的交流障碍。对于留学生来说，自己的本土文化有较强的稳定性和延续性，当两种文化发生冲突而自己又不愿改变时，个体就会自动地选择自己原有的思维模式、行为方式，认为其他人的想法都莫名其妙、无法理解，甚至感到和不同文化的人打交道"有点累"，所以宁可蜷缩在自己同胞或者同学所组成的圈子里。在现实生活中，随着留学生使用的人际交往网络的多样化，他们更有机会全面和深刻地了解有关中国的情况，理解中国的文化。但由于实际管理中对来华留学生与中国学生采取了"隔离式"管理，使得中外学生之间缺乏沟通的桥梁和渠道。"我想多交一些中国朋友，他们不仅可以教我学汉语，还能带我了解中国的文化历史、风景名胜，还有地道的特色小吃。可是平时我们吃饭、住宿、上课都是和中国学生分开的，这样一来我们能够接触或者在一起活动、交流的机会也很少。"巴西籍留学生在采访中说道。

（二）外部因素

1.生活环境差异

生活环境适应主要包括自然环境、衣食住行、公共环境等方面的适应。在气候适应方面，部分留学生感到有一定的困难。武汉作为三大火炉之一，冬天阴冷，夏天潮热，很多留学生都表示难以适应。来自新加坡的受访者表示之前完全没有冬天的概念，刚来时没有准备足够的衣物，对于秋冬季穿什么衣服缺少经验，总觉得自己穿多了也不是，穿少了也不是，穿上什么都怪怪的。莫桑比克籍的小E在中国待了四年，感觉差不多已经习惯了武汉的气候，但还是受不了武汉夏天的闷热，所以每逢暑假，都会选择"回国避难"。

另外，在饮食方面，很多学生也表达了自己的心声。来自越南和摩洛哥的受访者虽然很喜欢中国的美食，特别是每个地方的特色小吃，每逢节假日都会选择出去玩，品尝中国美食，但是也只是偶尔吃一次，比起日常和中国学生一样天天吃学校食堂里的饭，他们更愿意自己开火，想吃什么就做什么；来自韩国和日本的同学从小的生长环境和中国有着相似的饮食文化背景，他们对学校餐厅提供的食物接受较快。从学校住宿来看，来自加纳的受访者表示更喜欢住单人间，这样会更自由，不管学习还是娱乐都不用受很大限制，所以很难理解中国学生6人间、8人间都是怎么住的。在出行方面，受访者对学校周边的交通条件还比较满意，感觉公交、地铁、的士到哪都很方便，唯一的不足就是上下班人多的时候，去哪都特别堵车。在公共环境方面，受访者感觉中国的城市建设都很齐全，包括学校、公园、医院、图书馆、商场之类的，日常生活都很便利。

由此可见，不同个体的适应能力也存在差异，他们在进入一个全新的环境后，周围的生活环境差异会对其自身的跨文化适应造成不同程度的影响。但是，适应是一个过程，不管是奥伯格的U型模型，还是葛兹提出的文化变化曲线，我们都能看到个体在经历了文化冲击之后，都能够理性地看待两种文化之间的差异，并逐渐接受和适应异质文化。

2. 社会文化差异

文化隔阂是存在于留学生跨文化适应过程中的一道无形的墙。从一定意义上讲，个体在进入异质环境后，新环境会对个体的本土文化产生冲击。确实，从离开父母的那一刻起，留学生就完全置身于另一种全新的文化氛围中。由于本土文化的差异，各个国家的人在思维方式和行为模式等方面有很大的不同。来自坦桑尼亚的小F说起自己的一段经历："上次和朋友参加聚会，小众的，人不是很多，但是外国人和中国人都有。期间有个中国女孩很是大方美丽，我抑制不住对她的赞美，并且行了一个吻手礼，结果女孩被吓了一跳，直接把手给抽走了，我当时觉得自尊心受到了很大的伤害。""我喜欢在自己房间里开party，请一些自己的好朋友过来玩，可是隔壁的同学好像不喜欢我这样，觉得我总是吵到她，可我在自己屋子里呀，要不然我得去哪开party呢。"来自赞比亚的女生说起来很是郁闷。针对社会文化上的适应，来自韩国和马来西亚的同学表示同属东亚文化圈，感觉在文化差异适应方面自己没有多大困难。但是，有一点他们表示不理解，在与中国朋友聚会时，经常会有人主动请客买单，让总是AA的他们感到些许不适应，觉得这次别人请客了，自己也要找个机会再请别人一次，这样感觉非常麻烦,所以后来便总是避免参加非AA制的朋友聚会。当然，留学生既然选择到中国留学，很多人还都是能以开放的、包容的心态来面对这些文化之间的差异的。采访过程中，不少学生表示希望能更多地体验中国不同的民族文化，也会利用假期去中国的各大城市和著名景点游玩和体验。尽管存在各种不适应，他们也会在体验中去欣赏这些灿烂的中华文化。

第三节　国际学生的跨文化适应

从跨文化适应研究的起源和发展来看，研究者重点从心理与社会文化的角度分析了跨文化旅居者的跨文化适应问题，多数对国际学生的跨文化适应研究也从这两个角度展开。国际学生在跨文化适应中，与其他外国人既存在相同的问题又存在不同的问题，而且更为关键的是，国际学生作为学生的角色具有不同于普通跨文化旅居者的问题，主要表现在从青少年晚期至成年人、从中学教育阶段至高等教育阶段的转变带来的一系列问题。要合理考虑国际学生的跨文化适应，将国际学生的学生角色带来的问题涵盖在内。由此，国际学生的跨文化适应是一个国际学生个体内部心理调整、学生个体与东道国高校及学生个体与东道国社会文化环境相互调整的过程，这三种调整分别称为心理适应、学术适应和社会文化适应，三种适应从不同的分析框架探讨国际学生情感、学术、行为的状态。

一、国际学生的心理适应

参考沃德等对心理适应的界定，国际学生的心理适应指的是国际学生在跨文化转变中在生活变化这个压力源的刺激下，对旅居经历进行评价、使用策略缓解压力的过程。适应的结果是多样的，因个体和情境因素而异，表现在国际学生的情感与认知状态中。

另外，认知的过程，不仅受到国际学生个体因素的制约，东道国社会的整体态度即对外国人所表现出的开放性及接受程度也会对这个过程产生重要影响。在对来华留学生心理适应问题的研究中，考虑到来华留学生总体上以非学历生为主，居留时间较为短暂，此外，样本来华时间半数以上集中在半年以内及一年以内，因此并未将认知因素考虑在心理适应结果中。

从上述对国际学生的心理适应的定义可得出，应采用压力应对的分析路径来探讨国际学生的心理适应。20世纪80年代以前，研究者普遍在"文化冲击"及精神病理学的视野中探讨国际学生跨文化适应，将国际学生的跨文化适应更多地视作一种负面的情感经历，应对这种负面情感经历的途径是精神治疗。这一研究视野随着国际教育交流的日益频繁以及国际学生接收国家经济、教育等条件的改善而需得到调整。压力应对的分析路径虽也将跨文化中的生活事件视作一种负面的压力，但它认为压力是一种心理结果而非精神病理的结果。更具积极意义的是，压力应对分析路径通过提供相应的应对策略和资源来缓解压力而非通过精神病治疗的手段。

进一步探究心理适应的影响因素及结果是国际学生心理适应研究在压力应对分析路径指导下的重要任务。

首先，人口统计因素如年龄、性别、留学动机、人格等是影响因素之一。多数国际学生处于青少年晚期至成年人早期的阶段，生理、心理、教育阶段及文化情境转变带来的问题会带来和增加国际学生的心理压力。关于性别因素，普遍得出的结论是女性比男性（在跨文化适应中）更具风险。关于动机，美国神经科学家里士满提出"推"与"拉"动机的概念，认为"推"动机是被迫、非自愿的，而"拉"动机是自愿的。金则发现"推"动机与"拉"动机都会产生心理适应问题。动机与心理适应之间的关系有待进一步澄清。人格常被心理学家认为是影响心理适应的因素，而人格因素中控制点和外向性与内向性的研究较多，但并未得出一致的结论。

其次，社会支持是影响国际学生心理适应的重要因素。已有研究对社会支持的主体、介体进行了探索，将主体即社会网络划分为本国人、东道国人及其他外国人，介体即具体的支持如情感、信息、社会陪伴等，并得出来自本国人的支持尤其有利于心理适应，但心理适应与其他社会主体的关系并不明确。社会支持不仅是心理适应而且是学术适应、社会文化适应的重要预测因素，对社会支持与这三种适应维度之间的关系有必要做出实证验证。

对国际学生心理适应结果进行测量的常用工具是 Zung 氏抑郁自评量表（SOS），SDS 在跨文化适应研究中具有较好的信度和效度。

二、国际学生的学术适应

廷托于 1975 年在涂尔干自杀理论的基础上提出了高校学生辍学的纵向模型。该模型认为高校具有两个子系统，即学术系统和社会系统，学术系统代表学生的学业表现、智力发展等，社会系统代表学生的同伴－群体交流、师生交流等。当学生不能进行学术系统整合也无法进行社会系统整合时，就易出现辍学的现象。据此，可将高校学生的辍学理解为学生适应高校的负面结果。学生适应高校就是学生与高校学术系统和社会系统相整合的过程。

与其他跨文化旅居者不同的是，国际学生具有完成学业任务的使命，除面对文化情境转变带来的心理和社会文化适应之外，还存在与东道国高校相整合的过程，这个过程称为学术适应。国际学生的学术适应指的是国际学生与东道国高校学术系统和社会系统进行整合的过程。学术系统整合是指学生的学业表现和智力发展。学业表现就是学生满足学术系统显性标准的状况，具体体现在课堂表现、规章制度遵守与否、考评结果等方面，可以理解为学术系统对学生的评价。智力发展是个人发展与学术发展的组成部分，可以理解为个人对学术系统的评价。也就是说学生智力得到了发展，学术系统就发挥了其应有的价值。国际学生的社会系统整合是指学生与学校其他人员交流互动的状况，具体体现在同学关系、师生关系、社团活动的参与等方面。

　　国际学生的学术适应因个体和情境因素的影响而体现出不同的结果，主要包括两种结果：完成学业和辍学。在影响因素中，个体因素包括人口统计因素和动机。人口统计因素具体指的是家庭背景即家庭的经济和社会地位以及家庭关系状况、父母对子女的期望、教育经历（中学成绩）、性别等。另外，动机是影响高校学生适应的重要因素，这个结论已得到诸多研究的证实，但动机与国际学生学术适应关系的研究较为少见，本研究力图探讨这两者的关系。情境因素指的是国际学生所在高校的特征，如院校类型、院校规模、教育质量等。

　　从已掌握的文献来看，国际学生学术适应结果的测量采用了以下量表：邓恩为其博士论文自行设计的学术适应问卷，用于测量留学美国的中国研究生，共由 53 项内容组成，包括人口统计信息、入学教育与咨询、财政与就业、师生交流、同学交流、英语水平、行前准备、课外活动、学术成就、住宿以及学术适应十一个领域的问题。波特于 1962 年设计的"密歇根国际学生 IA 题调查表"（简称 MISPI），由 132 项内容组成，涵盖了学生在大学学习生活领域内的问题：招生、入学教育、学术咨询、咨询指导、住宿、健康服务、宗教服务、补救性阅读课程、学生活动、财经资助、就业与安置。此外，一些研究者直接采用本地大学生学术适应量表的部分项目来测量国际学生的学术适应，如柔与深田恭子 1996 年对留学日本的中国学生的测量中便采用了贝克与上原设计的用于测量本地大学生适应的量表项目。此举启发了本研究对来华留学生学术适应量表的设计。

　　目前对本地大学生学术适应较有影响力的国外量表有：大学适应量表（CAS），明尼苏达多重个性测试表中的大学适应不良分量表（MMPI-2 CMS）以及由贝克和斯里克共同设计的大学生适应性量表（SACQ）。我国对大学生学术适应的量表设计还处于初级阶段，目前而言，较具代表性的是北京师范大学发展心理研究所方晓义教授等研发的中国大学生适应量表，该表由六十个项目七个维度组成，信度和效度均达到了心理测量学的标准。

三、国际学生的社会文化适应

语言是一个十分复杂的系统，语言的学习和运用并非易事。尽管国际学生赴海外学习之时已达到东道国高校对其语言的相关要求，但满足了语言要求并不意味着他们能进行东道国环境的日常语言交流。语言是文化的重要载体之一，掌握语言的同时学习东道国的相关文化知识也是国际学生进行社会文化适应的重要内容，文化知识包括东道国的历史、地理、宗教、政治、经济等内容。

学习东道国社会文化的知识和技能的途径可分为正式和非正式的途径。正式的途径指的是通过教育培训的方式获得东道国社会文化的知识和技能，如参加东道国高校开设的语言培训课程、入学教育等。非正式途径指的是通过与东道国成员的日常生活交流来丰富与提高自身的知识和技能，如国际学生通过与房东、东道国服务机构人员、东道国朋友等的日常交流来加强对东道国文化的了解以及掌握与东道国成员有效交流的技能。

从已有研究来看，国际学生社会文化适应结果一般采用学生自我报告的方式对国际学生经历的社会困难程度进行测量，目前较为经典的是以下几种量表：①弗穆罕姆与博赫纳于1982年设计的社会情境问卷，共由40个项目组成，研究者当时采用的是里克特六度量表。②首次提出社会文化适应量表概念的是舍尔与沃德，他们于1990年自行设计的社会文化适应问卷，共由16个项目组成，采用的是里克特四度量表。③沃德与肯尼迪于1999年设计的社会文化适应量表，共由41个项目组成，采用的是里克特五度量表。④沃德在个人主页上公布的最新的社会文化适应量表，该表是一个由29个项目组成的里克特五度量表。

第四章　来华留学生跨文化适应的现状

来华留学生工作是我国与世界各国交流与合作的重要内容，为我国建设世界知名高校、加强中外交流与合作、让世界人民了解中国、增进与世界各国的友谊起到了积极的促进作用。当前很多高校来华留学生因对汉语的掌握程度不高、文化差异较大等原因，在华学习和生活的质量不高。对来华留学生的不同文化背景进行深入了解，提高来华留学生培养和管理质量，是留学生工作的重点和难点。本章分为跨文化适应的现状分析、跨文化适应存在的问题两部分。主要内容包括：生活环境适应现状分析、心理适应现状分析、文化适应现状分析、社会支持现状分析等。

第一节　跨文化适应的现状分析

一、生活环境适应现状分析

生活环境适应是留学生在华的首要挑战，也是最直观的跨文化感官体验。不同地区的留学生独自来到中国，在陌生的环境中，住宿条件是否舒适，交通是否便利，气候差异是否会导致不适或疾病，能否找到自己喜欢的食物，能否顺利买到符合自己生活习惯的必需品等，所有这些问题都将直接影响到他们在华留学生活的质量，衣食住行等基本生活必需品的缺失和不良习惯，可能导致留学生的焦虑和不适，进而产生文化冲击现象。

（一）交通出行

城市交通是对一个城市幸福指数进行衡量的重要依据。留学生大部分的时间都在校园里度过，不过，一起旅游感受异国文化、做兼职补贴自己留学经济需要的人并不在少数。因此，交通也被视为生活环境适应的重要指标。根据问卷调查数据统计，在华留学生对在华生活的出行条件总体满意，在出行便利性方面满意度为 92.41%。大多数留学生反映，中国现有的旅游方式非常完善。

对于城市道路规划，大部分留学生也比较满意，满意度为 73.29%。然而，留学生对城市交通拥堵和遵守交通规则的满意度较低。大多数留学生反映中国人太多了，特别是早晚高峰要坐公交车或地铁的时候。采访中，一些留学生反映，在中国有时会看到行人闯红灯，他们认为这是一种非常危险的行为。

（二）饮食习惯

中国有句老话叫作"民以食为天"，这也说明了饮食对人类生存的重要性。饮食不仅是因为饥饿，更是为了调节人们的情绪。来自五大洲和不同国家的留学生齐聚中国学习，他们对饮食是否习惯是头等大事。

调查数据显示，83.39% 的留学生认为中国的食物足够丰富，可以满足他们的饮食需求；78.39% 的留学生认为中国的饮食习惯多样，非常适应；留学生对食品价格的满意度也很高，在 70% 以上。也有一部分留学生表示很难找到自己喜欢的食物，占 20.57%。问卷调查显示，这些学生主要来自伊斯兰国家，主要分布在中东、阿拉伯半岛、中亚等地。他们信奉伊斯兰教，有严格的饮食禁忌。在采访中，一名哈萨克学生说，他来中国后不适应中国菜，虽然学校有专门的清真食品摊位，但他不太喜欢。除了问卷中显示的问题外，一些留学生还反映，有的中国街头小吃不太干净。这应引起留学生管理工作者的重视，并做好提示和指导。

（三）生活习惯

调查数据显示，留学生对宗教自由和个人隐私保护的满意度较高，在 80% 以上；对购买生活必需品和服装的满意度非常高，在 90% 以上。采访中，留学生反映在中国买东西很方便，很多东西都可以在网上买，但刚到中国时还不太适应。一位非洲留学生说，在中国学习隐私得到了很好的保护，这在他自己的国家是无法保证的，他表示非常喜欢。在宗教信仰方面，留学生表示，刚到中国时找不到教堂，但向高年级学生询问后，可以找到。

二、心理适应现状分析

（一）年龄差异性分析

来华留学生的年龄可分为 18～25 岁、26～30 岁和 30 岁以上三个阶段。结果显示：278 名留学生中，在 18～25 岁阶段的留学生中，无抑郁 86 人，轻度抑郁 82 人，中度抑郁 42 人，重度抑郁 3 人；在 26～30 岁阶段的留学生中，无抑郁 35 人，轻度抑郁 12 人，中度抑郁 4 人，无重度抑郁者；在 30 岁以上阶段的留学生中，无抑郁 11 人，轻度抑郁 1 人，中度抑郁 1 人，无重度抑郁者（见图 4-1）。其中，18～25 岁、26～30 岁及 30 岁以上人群易患抑郁症的比例分别为 59.62%、31.37% 和 15.38%。

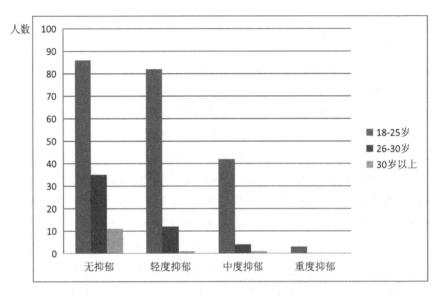

图 4-1　抑郁程度年龄差异分布

调查结果显示，年龄越大的来华留学生抑郁程度越低，即心理适应程度越高。

（二）地域差异性分析

将被试来华留学生来源国按照亚洲、欧美、非洲三部分进行划分，由于被试留学生来自美国及澳大利亚的分别为 5 人和 3 人，单一研究缺乏必要性，故将以上两个国家留学生纳入欧美部分进行研究，如表 4-1 所示。

表 4-1　留学生来源国分组表

组别	国别
亚洲	韩国、日本、越南、泰国、巴基斯坦、印度尼西亚、马来西亚、印度、蒙古、哈萨克斯坦、尼泊尔
欧美	美国、俄罗斯、法国、德国、瑞士、西班牙、荷兰、澳大利亚
非洲	南非、埃及、毛里求斯、坦桑尼亚、尼日利亚、赞比亚、几内亚、突尼斯、喀麦隆、卢旺达

统计数据后得出以下结果：187名亚洲来华留学生中，无抑郁85人，轻度抑郁67人，中度抑郁33人，重度抑郁2人；49名欧美来华留学生中，无抑郁27人，轻度抑郁15人，中度抑郁7人，无重度抑郁者；41名非洲来华留学生中，无抑郁20人，轻度抑郁13人，中度抑郁7人，重度抑郁1人（见图4-2）。其中存在抑郁倾向占比从高到低分别为，亚洲留学生54.55%，非洲留学生51.22%，欧美留学生44.9%。

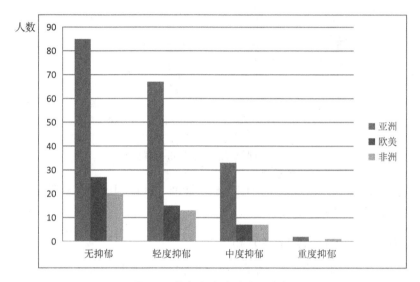

图4-2 抑郁程度地域差异分布

调查结果显示，抑郁程度从高到低的排序是亚洲、非洲、欧美，即欧美留学生心理适应程度最高，亚洲留学生心理适应程度最低，非洲留学生心理适应程度居中。

（三）留学身份差异性分析

在此对来华留学生学历层次进行比对分析，学历层次具体分为三个部分，即研究生、本科生、其他（语言进修生和短期生等）。数据统计结果为：研究生中，无抑郁18人，轻度抑郁7人，中度抑郁6人，无重度抑郁者；本科生中，无抑郁86人，轻度抑郁70人，中度抑郁34人，重度抑郁3人；其他（语言进修生和短期生）中，无抑郁26人，轻度抑郁19人，中度抑郁8人，无重度抑郁者（见图4-3）。其中存在抑郁倾向占比从高到低分别为，本科生55.44%，其他（语言进修生和短期生）50.94%，研究生41.94%。

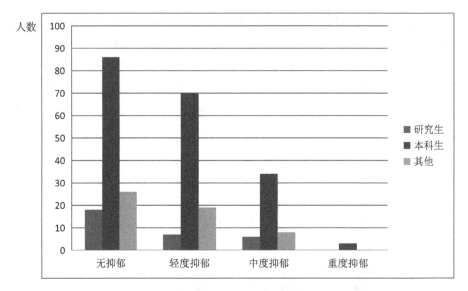

图 4-3　抑郁程度留学身份差异分布

　　调查结果显示，将留学身份作为衡量标准，抑郁程度由高到低分别为本科生、短期语言生、研究生。

（四）来华时间差异性分析

　　将留学生来华时间分为三个阶段进行研究，即来华时间 1 年以内、来华时间 1～2 年，来华时间 2 年以上，通过数据比较分析得出以下结果：来华时间 1 年以内的 128 名留学生中，无抑郁 62 人，轻度抑郁 51 人，中度抑郁 15 人，无重度抑郁者；来华时间 1～2 年的 77 名留学生中，无抑郁 36 人，轻度抑郁 23 人，中度抑郁 17 人，重度抑郁 1 人；来华时间 2 年以上的 72 名留学生中，无抑郁 36 人，轻度抑郁 19 人，中度抑郁 15 人，重度抑郁 2 人（见图 4-4）。其中存在抑郁倾向占比从高到低分别为，来华 1～2 年留学生 53.25%，来华 1 年以内留学生 51.56%，来华 2 年以上留学生 50%。

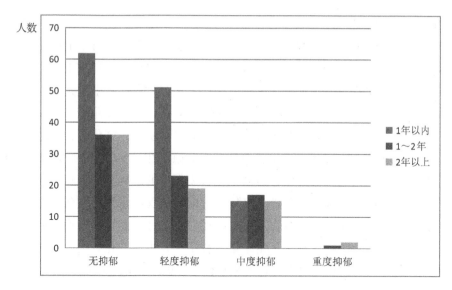

图 4-4　抑郁程度来华时间差异分布

　　调查结果显示，以来华时间为标准测量，来华留学生抑郁程度从高到低分别为，来华 1 ~ 2 年留学生、来华 1 年以内留学生、来华 2 年以上留学生。该数据印证了 U 型曲线假设理论。

三、文化适应现状分析

（一）文化智力

　　文化智力能够预测跨文化适应的状况，是跨文化适应研究的重要前因变量，包括元认知文化智力、认知文化智力、动机文化智力和行为文化智力四个维度。来华留学生文化智力各维度与文化智力总分之间显著正相关，即各维度文化智力的变化都会对文化智力总分产生显著的正向影响；此外，通过分析验证性因素发现，来华留学生文化智力结构模型具有良好的拟合度，该量表能较好地测出来华留学生的文化智力状况。来华留学生文化智力总分均值为 100.57，标准差为 15.78，满分为 140 分，得分越高代表文化智力越高，总体来看，来华留学生的文化智力处于中等水平，还有待进一步提高。

　　将性别、年龄、来源地、来华时间、来华学习内容以及汉语水平在来华留学生文化智力各维度和总分上进行差异检验，结果表明文化智力总分只在来源地方面存在显著差异，表现为非洲来华留学生的文化智力要显著高于亚洲来华留学生，这可能是因为相较于亚洲国家，非洲国家在历史上成为欧美等发达国家殖民地的时间更长，且殖民国家的文化根深蒂固地融入殖民地本土文化中，因此，他们的本土文化中就渗透着跨文化的因素，在该文化背景的影响下，大多数非洲来华留学生就具有了较高的文化智力。文化智力在性别上不存在显著差异，说明文化智力受性别因素影响较小；文化智力在年龄上差别不显著，可能是因为来华留学生的年龄主要集中于 18 ～ 27 岁，年龄差距较小，基本属于同一年龄阶段，文化智力受到年龄因素的影响并不明显；文化智力在来华时间上差异也不显著，这反映出文化智力具有相对稳定性，受时间影响较小，同时也反映出在来华留学生教育中，涉及文化智力领域的课程和培训较少，对文化智力的重视程度还需提高；此外，来华学习内容和汉语水平对文化智力的影响也不明显。综上所述，文化智力虽然具有相对稳定性，但也可以通过后天的培养和训练来提高，因此，在来华留学生教育中，要重视文化智力因素，开展关于提升文化智力的课程与培训，提高来华留学生的跨文化适应能力。

（二）人际信任

人际信任是指个体对他人能够表现出合作行为的心理预期。英国著名心理学家穆勒等人通过在公共物品两难实验中对他人合作行为的预期来评估个体的人际信任水平。在测试中，来华留学生人际信任均值为 4.85，标准差为 1.45，满分为 7 分，得分越高表明人际信任水平越高，总体来看，来华留学生人际信任水平处于中等水平，仍需进一步提高。

将人口学信息在人际信任上进行差异检验分析，结果发现，人际信任在来华留学生来源地和来华时间长短上存在显著差异，在性别、年龄、来华学习内容和汉语水平上不存在显著差异。从不同的来源地来看，亚洲来华留学生的人际信任低于欧洲和美洲来华留学生，但高于非洲来华留学生。已有的研究表明，人际信任是一种复杂的心理现象，受文化情境的影响，研究表明，欧美个体比中国和日本个体的一般信任水平更高。德里克斯、鲁维奇和查希尔认为以北美和西欧为代表的西方文化的个体人际信任在交往初期较高，东方文化下的个体人际信任在人际交往初期会比较低。人际信任是在公共物品两难实验中测查的，在该情景模拟实验条件下形成的四人小组更多体现的是人际交往初期的人际信任状况，因而此时欧美来华留学生的人际信任要高于亚洲来华留学生，非洲来华留学生人际信任水平显著低于亚洲学生，相较于非洲留学生，亚洲留学生的文化环境与中国文化环境更为类似，在中国文化下感受到的跨文化所带来的风险与不确定更少，因此人际信任状况也更好。施韦格勒通过研究发现，当面对跨文化情境中出现的风险和不确定时，人际信任的建立可以降低跨文化环境的复杂性，使因陌生而产生的不安全感和不确定感的风险弱化，跨文化交流也更为顺畅。

（三）合作行为

在此将合作行为定义为两个或两个以上的个体为了完成某一共同目标自愿结合，并通过彼此之间的协调配合实现该目标，最终个体利益也得以满足的一种社会活动，通过社会公共物品两难实验进行测量，即被试给公共账户捐赠代币的数额越多，表现出的合作行为就越强。来华留学生合作行为均值为26.21，标准差为16.98，合作行为的满分为55分，总体来看，来华留学生具有中等水平的合作行为。

在社会互动与交往过程中，对互动对象的身份、地位的认知会影响个体的合作行为。美国心理学家辛普森采用社会两难实验范式来探究性别角色差异对合作行为的影响，发现给予"贪欲"而没有"恐惧"时，女性比男性表现出更多的合作行为，其他条件下差异不显著。来华留学生的合作行为在人口学信息上的差异检验结果显示，合作行为在性别上具有显著差异，表现为女性来华留学生的合作行为要显著高于男性，这是因为本实验中的公共物品两难实验情景没有涉及"恐惧"因素，但该实验会使个体的个人利益和集体利益发生冲突，会涉及一些个人"贪欲"，与前人实验环境有类似的因素，因而研究结果也相符，女性在公共两难实验条件下，更倾向于向公共账户捐赠代币。此外，来华留学生的合作行为还在来源地上存在显著差异，表现为亚洲来华留学生的合作行为低于欧洲和美洲来华留学生，但高于非洲来华留学生，这与人际信任事后检验结果是一致的，这是因为人际信任是简化风险和不确定情境的有效机制。马尔霍特拉通过研究证实，个体间事先建立起的信任感可以使不确定的情境清晰化，从而使个体的合作行为增加。因此，来华留学生合作行为与人际信任间的关系一致。来华留学生的合作行为在年龄、来华时间、来华学习内容和汉语水平上的差异不明显。

四、社会支持现状分析

（一）留学生社会支持的分类

肖水源是国内社会支持研究的先驱，他将社会支持分为三个方面，即客观支持、主观支持和个体对社会支持的利用度。客观支持是一种客观的、实际的支持，包括物质上的直接救援、社会网络、团体关系的存在和参与；主观支持是主观体验到的支持或情感上的社会支持。西南大学教授黄希庭等根据社会资源作用将社会支持分为能够产生共鸣、情爱、信赖的情绪支持，提供援助的手段支持，提供应对信息的情报支持以及提供关于自我评价信息的评价支持。国内学者李伟和淘沙等通过对大学生社会支持结构的研究将社会支持在其来源角度上分为纵向来源与横向来源，其中纵向来源包括父母、教师等角色的支持，横向来源包括同学、朋友的支持。

对于来华留学生社会支持分类的研究，研究者大多集中在从社会支持的来源上展开相关研究。例如，海默提出的影响旅居者在新文化环境中的"不确定性和焦虑"程度的八因素论（来自东道国的社会支持、共享的社会网络、东道国成员对自己的态度、双方偏好的交际方式、定式偏见、文化认同、文化的相似之处、第二语言能力）中，涉及留学生社会支持的有来自东道国的社会支持、共享的社会网络以及东道国成员对自己的态度。麦克劳德等人将留学生的社会支持网络分为三大类，即母国社交网络、东道主国家的社交网络以及多元文化的社交网络，这三个网络在留学生跨文化社交过程中具有不同的、重要的作用。与此接近的是由博赫纳提出的留学生社交圈的三大类型：单一文化圈、双文化圈和多元文化圈。这三类社交圈分别来自本国同胞、东道主国家学生或工作人员以及其他国家留学生，可向他们提供情感支持、职业或者学业帮助等。总而言之，在国外研究者的相关研究中，我们大体上都能发现留学生社会支持中重要的三部分就是母国同胞、东道主国家的社会支持和其他国家留学生的社会支持。

国内大多数研究者也主要根据来华留学生社会支持的来源来对其社会支持进行分类。例如，朱国辉将来华留学生在遇到跨文化适应问题时可能获得的社会支持主体分为家人和亲戚朋友、中国朋友、其他外国朋友、在中国的同胞、中国老师、留学生管理人员。陈向明在对在美留学的中国学生的研究中提出，他们的社会支持不仅有来自中国的，还有来自美国和其他国家在美留学生的。雷龙云等人将来华留学生的社会交往对象主要分为中国人、本国人和其他国家人三类，并分析了不同对象的交往活动内容。总的来讲，我们可将留学生的社会支持来源划分为本国的社会支持群体、东道国的同胞群体、东道国的他国留学生群体以及东道国的当地人群体。

与此不同的是，国内外少数研究者根据社会支持的内容和其所提供的不同资源性质、时间维度等对留学生社会支持进行分类。例如，拉姆齐在对一年级留澳学生与本国学生的社会支持类型与跨文化适应之间的关系的研究中将社会支持明确划分为情感支持、实际支持、信息支持和社会陪伴支持四种类型，并通过与本国学生的比较发现，国际学生需要更多的情感支持、实际支持和信息支持。国内学者安然在来华留学生的移动社交媒体对其社会支持系统影响的研究中提出，来华留学生的社会支持系统从其功能和资源上可以分为信息支持和系统情感支持系统。

（二）留学生社会支持的影响作用

大量研究表明，社会支持对心理健康具有普遍的增益作用，提升社会支持水平可以更好地调整健康行为方式；社会支持可以提供缓冲来调整有害健康的行为，社会支持还可以通过提升自信进而增加对行为的控制能力。

现有关留学生社会支持的研究主要集中在来华留学生跨文化适应方面。胡哲发现留学生来到中国后将经历不同程度的跨文化适应，以往为其提供帮助和支持的社会支持体系（留学生在本国的社会支持）逐渐开始弱化，甚至开始断裂，随后在中国通过各种途径建立起新的社会支持系统。在不断地弱化、断裂、重构自己的社会支持体系的进程中，他们能持续地从自身的社会支持网络中获取自己生存、发展所必需的各种资源。心理学家埃德尔曼等人指出留学生本国的社会支持群体仍然是留学生情感支持的主要来源，在留学生跨文化适应中具有积极作用，能够帮助他们应对新的文化环境，也能够为留学生提供情感上的支持和安慰，有助于缓解他们的压力和减少无助感、不确定感、焦虑感，提高其心理适应水平。埃德尔曼等指出同胞可以为留学生提供应对新环境的有效信息，能增强其安全感、归属感，还能帮助他们宣泄不良情绪，缓解压力，减少焦虑、无助、害怕等情绪。但是，也有研究者强调了同胞群体在留学生跨文化适应中的消极作用。因为留学生在异国求学的过程中容易产生一些负面、消极情绪，与同胞的交往可能会放大或迁移这种情绪，这极其不利于他们的心理适应。

（三）留学生社会支持的现状

1.单一文化社会支持网络

单一文化社会支持网络对来华留学生跨文化适应提供的社会支持是最为丰富的，是来华留学生在中国的主要社会支持，涵盖了经济支持、情感支持、学习支持、娱乐支持等多个方面。留学生表示来到中国后第一件重要的事情就是寻找本国的留学同胞，尤其在来华初期，高年级本国同胞对于自己的支持是最为巨大的，让自己从一个什么都不懂的外国人较为快速地融入了在华的学习和生活中。

2. 双重文化社会支持网络

由中国高校教师、管理者和中国学生构成的双重文化社会支持网络为来华留学生提供的社会支持主要表现在学习帮助和提升汉语水平两个方面，当然也存在一定的情感支持和娱乐支持，但程度表现并不明显。当来华留学生正式开始学习后，必然会遇到学习方面的困难，本国同胞由于汉语水平和专业的限制，对于留学生在华学习方面的帮助就非常有限了，因此留学生必须通过中国教师和同学的帮助解决学习过程中出现的困难，来华留学生与中国教师和同学交流互动的情况将直接影响其跨文化适应程度和留学质量。

3. 多元文化社会支持网络

多元文化社会支持网络为在华留学生提供的社会支持主要表现在娱乐方面。当然，还有其他方面的支持，但表现并不十分明显。我们了解到，大多数留学生与周边国家和同一大洲其他国家的学生有着频繁的接触。他们经常一起打球、打牌、唱歌，偶尔一起出去玩。一些留学生也表示："我们都是跨文化适应的群体，我们有一种心理上的平等感。我们在语言上是相互联系的，所以我们并没有太大的交流压力。地域文化彼此相似，我们有更多的共同爱好，所以我们的关系很好。"

五、媒介素养现状分析

（一）良莠不齐的媒介环境

根据框架理论，媒体中经常提到的观点和经常使用的语言，在不知不觉中影响着公众的语言习惯和认知，重塑着社会的框架。留学生一般会通过媒体获取有关中国的信息，从统计结果来看，来华留学生不仅使用自己国家的媒体，还常使用各国的媒体来获取信息，所以留学生在媒介提供的信息中培养客观看待社会的眼光，培养正确的语言习惯和认知十分必要。

在社会上起着重要作用的媒体，如果只生产对社会有益的媒介内容当然是最理想的，但是相当数量的媒介内容不够真实客观，因为媒介制作内容取决于资本，就很难符合客观性原则。

现代流行的社交网络，如微博、脸谱网、推特等，其最初作用是让用户与别人分享自己的日常生活或者兴趣爱好等，但是不久这些媒体登载信息的目的就变成了获取物质利益，这些媒体也变成了为直接获取金钱而存在的宣传和销售渠道。虽然这本身就是资本运营在信息时代的一个基本特征，但公众忧虑的是传递信息的偏颇、失真和别有用心，这可能破坏社会公共秩序，从而造成社会混乱。

为了防止这种信息的负面传播，对于制作媒介内容的制作者，需要通过媒介素养教育，让其自觉维护媒介的伦理规则，同时制定一个可以限制媒介内容的方案。但是因为当前的媒介内容与金钱利益有直接关系，所以很难期待短期内制作者能产生维护媒介伦理的自律，而起作用的强制性规则也很难在短期内制定并开始执行。留学生作为媒介信息的接收者，他们在获取一些感兴趣的媒介信息以后，大部分人会随手转发出去，因此留学生同时也是媒介信息的发布者。留学生在看到自己感兴趣或者主观认为真实的信息时，有很大一部分留学生并不会关注信息的来源，也不会选择再去阅读别的相关信息，没有做出综合分析和判断就随手转发出去，虚假新闻由此而传播开来，对留学生媒介素养教育来说，这是最为明显的问题之一。综上所述，在获取媒介信息和消费媒介内容时，公众可以通过媒介素养教育，不断提高自身的媒介素养，以此认识媒介内容制作和媒介信息传播的特定目的，以及判断一般媒介信息的真假，这是当前最适合普通公众的可选方案。

（二）留学生对媒介信息存在确认偏误

从心理学的角度来说，个人具有容易接受与自己信念一致的信息的倾向，同时有忽视不一致信息的倾向。从留学生关注的信息的调查统计可以看出，大多数留学生更关注自己感兴趣的信息。虽然关注自己感兴趣的信息是正常现象，但是种种确认偏误的现象说明不仅在生活中，而且在获取信息的过程中存在人们明显地为了确证自己所想的事物而歪曲了认知的现象。媒介素养教育的目标在于培养使用媒介者通过批判性思考来获取正确信息的能力，因此，使用媒介内容的人可以认知协同过滤，但也要警惕导致确认偏误的"协同过滤"。

留学生的价值观念、思维方式会受到媒介信息的影响，如果留学生对媒介信息缺乏判断力、辨识力，就会受到"协同过滤"的负面信息的影响。相当一部分留学生的课余时间用在网络上，通过网络获取信息，这其中一部分留学生的阅读习惯受到媒体"协同过滤"的影响，这样负面的"协同过滤"就可能导致他们价值观念、思维方式的偏差，长期下去不利于他们对目的语国家发生的事情做出正确、客观的价值判断，也不利于他们客观了解中国。因此，要对留学生的阅读兴趣、阅读习惯做正确的引导。

（三）留学生确认信息缺乏严谨的态度

从"留学生在浏览一些新闻后，通常会采取的做法"的调查结果可以看出，有 43.51% 的学生回答，他们将那些很火、有趣、有刺激性的新闻与朋友分享和讨论，然而分享之前他们并没有确认这些信息的真伪。另外，留学生遇到一些突发社会事件时，51.14% 的学生回答会进行编辑并在社交平台上发布，也就是说，留学生在现实生活中，对某些话题进行讨论时，通过媒体分享是很普遍的情况。但在"留学生在不明真相的情况下，是否会转发朋友圈或微博里的新闻"的调查结果中，近 40% 的学生回答在不明真相的情况下，会在朋友圈或微博里转发新闻。

根据以上情况可以看出，现代社会媒介不仅是接收信息的渠道，而且可以让人们随意分享自己的看法或者自己以为重要的信息，即使不能证明那些信息的真实性。因此，我们不仅是"受者"还是"传者"，在双重身份上都要培养媒介素养意识和能力，从而能够辨别真伪，传播真实准确的信息，只有双方都具备媒介素养，才会解决因"传者""受者"媒介素养不足而引发的问题。

第二节　跨文化适应存在的问题

一、语言障碍

影响来华留学生跨文化适应的一个重要问题便是汉语障碍。其影响包括跨文化生活适应、心理适应、学习适应、文化适应和社会支持。首先，语言问题会对留学生的来华生活产生直接影响。购物、看病、问路、取钱是最基本的生活行为，与语言交流密不可分。其次，语言问题将极大地影响外国学生在华学习的质量。留学生的专业课程、考试和毕业论文写作都无法避免语言问题这道难关，这是留学生在华交流圈单一的重要原因之一。由于存在语言障碍，留学生无法与中国教师和同学交流，这将在更大程度上阻碍来华留学生个人汉语水平的提高，最终导致出现恶性循环。

二、人际交往局限

来华留学生的人际圈比较单一，主要局限于同胞。一些来华留学生与周边国家留学生的联系密切，但与中国学生的接触较少。在日常生活中，这种现象尤为明显。大量的外国留学生很少与中国学生接触，只生活在本国同胞的范围内。他们中的一些人甚至从不参加中国大学组织的校园文化活动和体育活动，更不用说参加社会实践活动了。这些问题在很大程度上缩小了留学生在华交流圈，不利于留学生了解中国社会、文化和生活方式，在一定程度上阻碍了留学生跨文化适应的进程。

三、专业课学习压力大

大部分来华留学生反映，他们学习专业课的压力很大，最明显的是工科和经济类本科留学生。调查结果显示，与中国学生相比，来华留学生与中国教师和管理人员之间的交流更少，这将在很大程度上影响留学生在华的专业学习。外国学生来中国之前接受教育的方式与中国的教育方式有很大的不同。教育方式的差异决定了学习习惯、学习方法和思维方式的差异。此外，在工业和经济等领域，留学生所在国家的专业化程度与中国也有很大的不同。这必然会造成他们在专业学习基础上的不同，进而受到语言障碍的影响，课堂上跟不上教师教学进度的留学生不在少数，课后也没有人可以给予他们专业的课程指导。

第五章　来华留学生的社会支持分析

近年来，来华留学生的人数迅速增加。作为心理学和教育学领域的重要研究课题，来华留学生的跨文化适应问题受到了广泛关注。影响留学生跨文化适应的因素有很多，其中社会支持的作用不可小觑。本章分为留学生的社会交往圈、留学生参与中国社会文化生活的情况、中国社会对留学生的接纳程度三部分。主要内容包括单一文化圈、双文化圈、多元文化圈、留学生参与中国社会文化生活的情况调查、中国社会对留学生的接纳程度调查实施等。

第一节　留学生的社会交往圈

一、单一文化圈

留学生作为特殊群体，容易形成独特的亚文化圈，即单一文化圈。这种单一文化圈中的朋友，多为同胞或同乡。这种单一文化圈内的人际关系网络，更类似于一种较松散的非正式团体，具有封闭性和排他性。单一文化圈的朋友可以为留学生提供情感上的支持和安慰。对那些"独在异乡为异客"的留学生来讲，本国同胞是他们交流情感、获得信息以及和本国文化保持联系的媒介。美国学者古迪昆斯特的"焦虑、不确定性"理论能够解释留学生对这种交往的需求原因。那些本国同胞的不确定因素较少，更能为他们提供支持，而和那些与他们有着同样压力体会的人分享这些体验，也有助于减缓适应期的压力。

日本留学生松本智子说："和自己国家的人在一起比较容易，没有那么累，所以累的时候喜欢和本国人在一起。有的日本学生家里有钱，不管汉语学得怎么样，回国后都有家里的工作，所以无所谓，整天和本国人在一起。而公司派来学汉语的学生要参加汉语水平（HSK）6 级或者 8 级考试，很有压力。所以他们会找机会和中国人接触，练习汉语。"

但是，这种单一文化圈不一定全是积极的导向，相反，可能存在功利性、

102

帮派性的消极影响。如果留学生在文化适应过程中只与本国人交往，那么他可能会有非常危险的沉闷期，从而阻碍跨文化适应的进程。

二、双文化圈

双文化圈的朋友，主要是东道国中某些发挥特定功能的人，如中国大学中的对外汉语教师、同学、语言交流伙伴、留学生顾问或者工作人员等。他们提供语言帮助和学业帮助，使留学生实现职业目标或者学术目标，因此起着"工具"作用。"双文化圈"对留学生获得社会支持以及适应当地环境的作用非常大。留学生的社会交往中很重要的一个方面是和东道国的同龄人交朋友，中国话叫"合群"。

三、多元文化圈

多元文化圈，由一起娱乐或者休闲的朋友组成，也就是秘鲁学生马保罗所说的"平时在一起喝喝啤酒的人"。这个社交圈比较广泛、松散，多由住得较近的一些留学生组成。"都在同一个班上课，有同样的老师""可能面临同样的或相似的问题"，所以可以在一起交流信息。但是因为他们都是短期培训班的同学，流动性较大，所以难以发展中国人所说的"同窗友情"。

第二节　留学生参与中国社会文化生活的情况

一、留学生参与中国社会文化生活的情况调查实施

海外留学不仅是接受东道国的教育，还要接触东道国文化中的人，因为真正的全球意识和跨文化交际能力只有通过与不同文化背景的人的相遇和交往才能得到发展。从前面的调查中已经知道，大多数来华留学生都期望"和中国人交朋友""体验融入中国社会的乐趣"。针对这几个问题，在此提出两个基本假设。

假设一：不同文化群体的留学生参与中国社会文化生活的方式也不同。

假设二：来华留学生参与社会文化生活的程度与他们的适应状况有相关性。

首先通过访谈的形式了解来华留学生的社会活动情况，然后在文献研究的

基础上设计参与中国文化生活的方式调查表，从日常生活（做中国饭）、语言（日常交往用汉语）、人际交往（拜访同事和朋友）、文化活动（上中国文化课、旅游、参观文化展、利用中文媒体）、学术活动（参加学术活动、参加中国教授的研究项目）、校园生活（参加中国大学生活动、舞会、志愿者活动等）等7个侧面了解来华留学生的社会文化生活参与情况，并设计开放式访谈提纲，对来华留学生参与中国社会文化生活的情况进行调查，如表5-1所示。

表 5-1　留学生参与中国社会文化生活方式调查表

序号	参与方式
1	我在家的时候做中国饭
2	我日常交往用汉语
3	我拜访我的同事和朋友
4	我在中国做兼职工作
5	我参加中国文化课，如绘画、书法等
6	我有空的时候在中国各地旅游
7	我参观中国文化展，看中文电视和电影，读中文报纸等
8	我参加中国大学生的活动，如周末舞会、志愿者活动等
9	我参加中国大学的学术沙龙
10	我参加中国教授主持的研究项目

二、留学生参与中国社会文化生活的情况调查分析

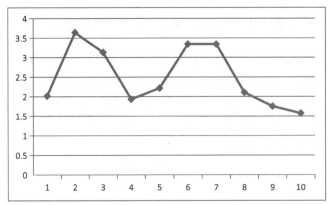

注：横轴数字代表表5-1中相同数字所对应内容，竖轴数字代表留学生的参与指数，数值越高，参与程度越高

图 5-1　全体样本参与中国社会文化生活的情况调查

　　从图 5-1 中反映的数据可以看出，被调查的留学生参与中国社会文化生活的方式主要集中在日常交往用汉语（方式 2），利用中文媒体，如看中文电视和电影、读中文报纸等（方式 7），在中国各地旅游（方式 6），拜访中国同事和朋友（方式 3）等方面，而对中国大学的活动和学术活动的参与程度最低（这与大多数来华留学生都是短期汉语进修生，很多人的目的是来华进行短期学习的情况相吻合）。

　　调查结果显示，留学生参与中国社会文化生活的程度与他们的适应状况呈正相关，即参与程度越高，困难程度越低，反之，参与程度越低，困难程度就越高，但也有个别例外的情况。

　　调查发现，来华留学生参与中国社会文化生活的程度较低，特别是学术活动和大学生活，大部分留学生都很少甚至几乎不参加。就此问题，研究者采访了教育学博士生苏珊纳。她回答得很简单：第一，张贴学术活动和各种校园活动的通知或海报不在留学生的生活区，所以很少看到；第二，即使看到，那些中国汉字也不认识。校园中的各种学术活动设施，如图书馆、电子阅览室，很少见到留学生的身影。当问及原因时，苏珊纳说："我们的汉语水平只能应付日常生活，用汉语参与学术活动和利用中国的学习资源太困难了。"许多留学生来自人口稀少的国家，不习惯在拥挤的场合学习。中国的大学由于学生人数多，资源有限，许多公共设施，如图书馆、电子阅览室、演讲厅等都是人满为患，所以留学生都不太习惯。

　　留学生了解东道国社会的一个重要途径是"打工"。打工是在欧美国家留学的中国学生维持学习和生活的主要手段。由于打工，中国留学生直接地、深刻地接触了东道国社会，几乎所有的留学生都曾通过打工体验到东道国的社会价值观和生活方式。

　　但由于来华留学生多是短期的汉语进修生，他们当中在中国"打工"的人不多，最多的是临时被某些电影剧组看中，充当"群众演员"，或者临时充当本国旅游团的导游。由于中国对留学生打工的规定不太明确，有的留学生也会回避这个问题，所以没有了解到来华留学生通过打工来参与中国社会生活的情况，以及对中国社会的了解。

　　留学生参与中国的社交活动不多，对中国文化的体验，主要是通过看中文电视和报纸、参观中国文化展览、旅游观光等方式，都是静态的文化接触。而真正的交往和对深层文化的了解，是通过日常生活中与中国人的互动和交往所获得的体验。但无论是校内的学生活动，还是校外的人际交往，留学生的参与率都比较低。调查反映出的非裔留学生的参与度最低，而他们在中国的适应状况也最不理想。欧美留学生参与度较高，在华适应状况也是最好的。

第三节　中国社会对留学生的接纳程度

国外一些研究表明，本地人对留学生的态度会影响留学生的适应状况。任何一个国家都有自身独特的文化传统，各国文化传统在对待异质文化及其生活在其中的人的开放和接纳程度总是徘徊在一定的限度内，由文化传统滋养和铸就的国际互助意识也有一定的界限。

态度的主观性和随意性很强，很难度量。因此，许多有关东道国对留学生的态度多以描述性为主。在此以保格达斯的社会距离指标为参考，调查中国社会对来自不同国家和不同文化背景的留学生的接纳程度，进一步了解影响留学生适应的互动因素。

一、中国社会对留学生的接纳程度调查实施

在此采用保格达斯社会距离指标设计问卷，抽取调查样本的时候要注意分散，尽量使样本具有代表性，能够较为全面和客观地反映中国青年人对留学生的接纳程度。因此采样时在全国各地的国家重点院校和本市的地方性大学中进行样本采集，并注意不同性别、不同年级、不同专业、不同学历水平、不同外语程度学生的样本分配。参加调查的学生为来自上海某些高校的 210 名中国大学生，调查在两所学校分两次进行，以保证所获得数据的代表性。

留学生国别选择参照中国教育部国际合作与交流司公布的在华留学人数最多的 20 个国家，选取人数最多，和中国接触较多的 13 个国家（地区），以及在中国人数较少的非洲和南美地区组成 15 个选项，让学生从中选出 7 个国家，按照"结婚、好朋友、邻居、同事、点头之交、旅游者、最不喜欢的国家"的顺序填入问卷中。分值计算，从第 1 项最高值 7 分到最后 1 项负 7 分。

假设一：中国学生对留学生的接纳程度与自己所熟悉的外国文化有关。

假设二：中国学生对留学生的接纳程度与留学生在中国的适应状况有关。

二、中国社会对留学生的接纳程度调查结果分析

结果发现，中国学生最有好感的 8 个国家从高到低依次是，法国（647 分）、

美国（628 分）、德国（541 分）、新加坡（465 分）、英国（430 分）、韩国（411 分）、意大利（364 分）、澳大利亚（293 分）。其中讲英语的国家占 3 个，欧美发达国家占 7 个，亚洲国家占 2 个。中国学生感到最疏远的国家是越南（20 分）、朝鲜（9 分）、印尼（8 分）。

中国学生对日本的接纳情况非常复杂。一方面有的学生显示出对日本很大的好感（148 分）；另一方面，在"最不喜欢的国家"这个问题的选择上，选择"日本"的竟有 113 人（占参加调查的全部学生的 53.81%）。

研究发现，学生的专业与学生对这些国家的态度有很大的相关性。如在"如果有可能，你最想和来自哪个文化群体的人结婚"这一项上，选择德国的有 19 人，其中英语专业 6 人，德语专业 13 人；选择美国的有 9 人，其中英语专业 7 人；选择英国的有 3 人，均为英语专业学生。

在此基础上，研究者又设计了调查问卷，让留学生自评来自中国的社会支持情况，如表 5-2 所示。

表 5-2　留学生对中国的社会支持评价

序号	题目
1	中国学生不愿意和我交谈
2	我认为中国人对留学生的处境缺乏足够的关心、理解和同情
3	我认为中国人很容易相处
4	我认为中国人较缺乏公共道德感
5	和中国人交往很困难，因为我不知道他们在想什么
6	我觉得被中国人排斥
7	我认为中国人友好、热心

参加该项调查的留学生与参加上一项调查的留学生相同，调查结果如图 5-2 所示。

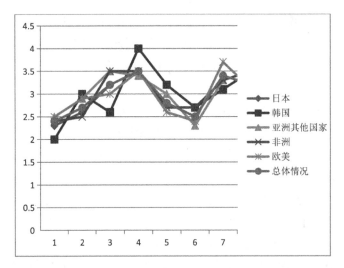

注：横轴数字代表表 5-2 相同数字所对应内容，竖轴数字代表留学生的认可指数，数值越高，认可程度越高

图 5-2　不同文化群体的留学生对中国的社会支持评价

从图 5-2 可以看出，来华留学生对所获得的中国的社会支持的回答很不一致。总体情况是，对题目 4 "我认为中国人较缺乏公共道德感" 和题目 7 "我认为中国人友好、热心" 的认可程度较高。

对题目 1 "中国学生不愿意和我交谈" 的陈述，各个文化群体普遍持否定态度，认可程度在各项陈述中最低，而韩国学生对此项陈述的认可程度在各文化群体中最低。

对题目 2 "我认为中国人对留学生的处境缺乏足够的关心、理解和同情" 的陈述，各个文化群体基本上也持否定态度，但认可程度高于题目 1，而韩国学生对此项陈述的认可程度在各文化群体中最高。

对题目 3 "我认为中国人很容易相处" 的陈述，各个文化群体的认可程度出现了较明显的分歧。来自亚洲其他国家的留学生对该项的认可程度最高，而韩国学生对此项陈述的认可程度在各文化群体中最低。

对题目 4 "我认为中国人较缺乏公共道德感" 的陈述，各个文化群体的认可程度出现了最明显的分歧。认可程度最高的是韩国学生，其次是日本和非洲学生，而亚洲其他国家的学生对该选项的认可程度较低。

对题目 5 "和中国人交往很困难，因为我不知道他们在想什么" 的陈述，各个文化群体的认可程度比较一致。其中，认可程度最高的是韩国学生。

对题目6 "我觉得被中国人排斥"的陈述，各个文化群体普遍持反对态度；而对题目7 "我认为中国人友好、热心"的陈述，各个文化群体的认可程度较高。但在这一点上出现了微妙的差别。对 "中国人友好、热心" 最为赞同的是欧美国家的学生，其次是日本和其他文化群体，而最不赞同的是韩国学生。

第六章　来华留学生跨文化适应疏导策略

国家来华留学政策的完善为我国来华留学生教育的发展带来了机遇。然而，随着来华留学生人数的不断增加和规模的不断扩大，我国对来华留学生的日常管理也逐渐显现出一些问题，这对高校来华留学生管理工作提出了新的挑战。其中，来华留学生的文化适应是困扰来华留学生的首要问题，如何提高来华留学生的跨文化适应能力由此成为一个具有重要理论与实践价值的问题。本章分为来华留学生跨文化适应原则、来华留学生跨文化适应的具体疏导策略两部分。主要内容包括尊重原则、理解原则、国家维度、高校维度等。

第一节　来华留学生跨文化适应原则

一、尊重原则

尊重原则指的是在日常生活和学习中来华留学生与中国教师、学生及其他国家留学生要彼此尊重，而不是对彼此抵触甚至鄙视。来自不同地域的来华留学生必然会有自己独特的思维方式和生活习惯，这些内容在中国学生和其他国家留学生看来可能感觉很奇怪，这是由彼此的文化差异所导致的必然结果。在面对这些由文化差异产生的问题时，不论是来华留学生，还是中国学生或其他国家留学生，首先都应该以尊重的态度来看待这些问题，留学生教师和管理工作者更要重视并遵循该原则，在尊重的基础上对来华留学生进行教育与管理。

二、理解原则

理解原则指的是拥有不同文化背景的来华留学生与中国学生或其他国家留学生在看待问题、处理问题的方式方法上必然会存在差异，在面对差异时双方都应该秉持互相理解的态度，采取换位思考的方式处理相关问题。留学生教育管理工作者在开展工作的过程中，应多站在留学生的文化立场上看待其自身存在的问题，在理解的基础上，引导他们查找问题产生的原因，并帮助其解决实际问题。同时，高校也应该对中国学生及来华留学生开展该方面的教育，避免因文化冲突导致恶性突发事件。

第二节　来华留学生跨文化适应的具体疏导策略

来华留学生在日常交往以及社会文化、学术适应中存在不同程度的问题。如何对来华留学生进行针对性的帮扶，从而提高来华留学生的跨文化适应能力，提升高校的外事服务水平和能力呢？从来华留学生的支持主体来讲，广义的主体指的是国家和高校，狭义的主体则仅指学生个人。因此，加强来华留学生跨文化适应需要从国家、高校和个体等角度入手。

一、国家维度

（一）完善来华留学申请评估机制

国家制定高校留学生教育目标时需要合理统筹规划，积极颁布相关政策支持大学国际化工作的开展，对高校的来华留学生教育管理体系的发展产生有力的正面影响。

1. 建立来华留学目标意愿评估体系

（1）成立留学目标意愿评估工作机构

教育部应在宏观层面上对高校来华留学生的留学目标意愿评估工作机构的构建提供帮助，组织经验丰富的专家学者以及专业教育管理人员，负责制定申请留学人员的留学目标意愿评估标准，并针对不同申请留学群体编制一系列留学目标意愿测试问卷，问卷主要了解来华留学申请者的留学目的、动机、学业目标以及对中国的认知情况等，利用得到的上述信息对留学生进行筛选。同时利用计算机网络建立留学生留学目标意愿评估模型，开发适合留学生的留学目标意愿评估软件，建立一些实用的数学数据模型，使留学生在留学初或留学前清楚自己的求学目的，能够选择更加适合自己的学校和专业。

（2）定期开展留学生目标意愿评估工作

政府部门应积极颁布相关政策支持高校开展来华留学生教育管理工作，要组织和指导高校定期开展申请来华留学人员目标意愿评估工作，定期对留学目标意愿评估工作进行改进，不断修正不断进步。在这一工作过程中，要给高校一定的来华留学生教育的自主权，适当考虑高校办学特色需求，高校也要结合自身实际专业、学科发展水平和师资力量等情况，对来华留学生的前期学业基础和学术水平提出符合本校标准的具体要求，严把入口关，招收适合本校的来华留学生。此外，政府部门还要严格把控底线和权限，兼顾到招收的来华留学生的质量，考虑教育教学效果，防止各高校为了扩大生源，过分追求国际化而盲目"开闸放水"。

2. 建立申请者基本情况评估体系

（1）建立申请者审核机制

高校应提高申请来华留学的基本学历要求，对申请来华留学的学生，高校要进行严格的报名审查与筛选，要根据来华留学生所在国家教育水平、在读学校教育水平适当加以区别对待。对于本科学位申请者，应要求其在母国接受过正规高中教育，获得毕业证并通过基础汉语水平考试；对于硕博学位申请者，应该要求其接受过正规大学教育，获得学位并通过中高级汉语水平考试。在汉语水平方面，要求来华留学生提供汉语 HSK 成绩来证明其语言水平；在学术方面，根据学校相关专业的规定，考量留学生是否具备专业的基础知识，需要来华留学生提供之前求学的成绩单、毕业证、学术论文等材料，具体包括在校的学习成绩、所要申请的专业学科的实际研究经历和发表的相关论文、获得的相关奖项等有力的支撑材料和学校或担保人推荐信等。

（2）科学评价申请者的综合素质与经济状况

高校不仅应对申请者的学术水平、对华兴趣、留学目的、学业目标和动机等进行基本研判，除了犯罪记录之外，还应对公民基本素质方面的不良记录进行审查，如酗酒、失信等；应当根据学费、住宿费标准和当地一般生活成本水平，按照可以充分保障来华留学生学习、生活、国际旅行等合理费用的原则，按照审慎、尽职原则进行经济状况审核，减少申请者来华留学期间的各种困难和问题。

3. 建立规范的入学考试和考核机制

（1）明确规定入学评价方式

高校应在充分了解主要生源国教育情况的基础上，根据自身具体需求张弛有度地规定来华留学生的申请资格，明确规定来华留学生入学的学术水平要求和评价方式。来华留学生已经初具规模并且在国际中也颇具竞争力的高校可以控制申请者数量，严把招生关，有的放矢地提高来华留学生的质量。而来华留学生规模仍然偏小，急需大量引进外来人才的高校则可适当放宽政策，对申请者的申请资格不做过多严苛的要求，注重考察来华留学生的汉语阅读能力、写作能力、逻辑思维能力及专业学习能力等基本素质。参照留学生参加我国教育考试的成绩和参加外国有公信力的教育考试的成绩准确评价申请人的学术水平，深入了解来华留学生生源国的教学内容、培养目标和考核标准，明确来华留学生的毕业成绩和学历证书的等级，有针对性地培育来华留学生。

（2）增加统一留学生入学考试

教育部应成立专职小组，负责来华留学生入学考试的相关事项，建立统一的来华留学生留学平台和来华留学生入学考试制度，有侧重地考察来华留学生的基本素质能力，优化来华留学生考核方式，量化来华留学生成绩评定，从宏观上加强对整体来华留学生资源的把握，增设来华留学生预科班或语言学习班，为来华留学生提供多种留学渠道与方式。高校也应当以适宜的方式对申请入学的来华留学生进行入学考试或考核，各高校可以参照国外留学生的入学考试形式和评价体系制定符合本校的来华留学生招生制度，确保录取的学生达到预定的入学标准，未达到录取水平的留学生应不予录取或对其开展预科教育，以达到符合高校发展理念的优化生源的目的。

（二）扩大来华留学招生宣传渠道

大部分学生来华学习之前对中国的了解很少或者没有了解，很多人仅仅是因为奖学金的吸引才来的中国。留学生对中国是否了解会在一定程度上影响他们来华后的心理适应和学术适应。而他们来华之前，对中国的了解都比较简单，或通过网络，或通过杂志，都是比较片面或者经过加工的信息。一名外国学生在采访中说："我们希望能有更多的渠道来了解中国，如果有机会去中国看一看当然很好，但是中国的学校也可以主动走出国门宣传自己呀。在申请中国高校的时候，我上网查了很多资料，可是网上的资料并不全面，反而让我一头雾水。之前我有机会参加我国举办的教育展，各种各样的信息非常直接地呈现在我们面前，我国的高校教育发展如此之快，我希望中国的大学也能够走出来，去吸引国际学生。"所以，为了加强留学生来华之前对中国或中国文化乃至中国高校的了解，应该多鼓励中国高校自己走出去，拓宽招生渠道，多宣传中国文化以及中国的高校文化，这样做既可以直接吸引留学生生源，又能帮助学生对中国文化或者中国高校有一个更加直观的了解，同时，也在一定程度上减少了留学生初次来华因为对中国一无所知而导致的各种不适应。

（三）全面实行本科预科教育制度

随着来华留学生教育的快速发展，今后来华接受学历教育的学生将进一步增加，面向所有自费来华本科生实行预科教育制度显得尤为重要，它将成为来华本科留学生入学质量的保障，也是我国保障留学生教育质量的重要举措。

目前对中国政府奖学金来华本科新生实施的预科教育已经全面展开，教育部确定了天津大学、山东大学、南京师范大学等高校作为预科院校，专门开展预科强化教育。在预科教育期间，除需要学习汉语语言知识外，在第二学期，根据学生申请的专业，还要相应增加数学、物理、化学等基础知识的学习，同时根据学科的不同，增加相应的科技汉语和专业汉语知识的学习。各项预科教材的编写和出版工作也已全面展开。

国家应在中国政府奖学金本科预科教育制度比较成熟后，及时出台规定，依据中国政府奖学金来华留学本科生的预科教育措施，制定面向全体来华留学生（包括自费来华留学生）的最基本的国家本科预科教育制度，建立起国家预科教育的考核标准。各高校可结合本校的情况，在此基础上，制定更高的入学要求和标准，以此来保证和提高来华本科留学生的入学质量。

（四）丰富来华留学生奖学金资助形式

根据留学动机调查得知，有47%的学生选择来华留学是因为相对低的学费以及中国政府奖学金的支持力度较大。同样，在留学动机与学术适应的关联性的对比分析中得出，留学动机越强，学术适应困难越小。

来自巴基斯坦的被采访者说："中国的科学技术发展很快，我对现在导师的崇拜源于2011年的一次国际学术会议，导师的研究领域深深地吸引了我。从此我便下决心如果有机会我一定要来中国学习，现在我也得偿所愿，我很感谢中国政府给了我公费留学的机会，我很珍惜。我们国家在这个领域的研究有点落后，我一定好好学习，等到学成回国，我想当一名大学老师，在这个领域继续深入研究。"来自莫桑比克的F同学是一位自费生，说起来中国学习的原因，他说是亲戚介绍的，当然学费也是一个很重要的原因，因为相对低廉，所以父母才有能力送他和妹妹一起来中国读书。"我学的是采矿工程，我们那里矿产比较多，中国企业也很多，如果有机会，本科毕业后我想申请奖学金继续在中国读书，硕士毕业后我回国应该能找到一份不错的工作了。"所以，在促进学生的学术适应和增强留学动机方面，加大奖学金的资助力度，丰富资助形式也是一个值得借鉴的方法，如设立企业奖学金、专项奖学金、院校奖学金等。

（五）完善与来华留学生相关的法律法规

从实际来看，来华留学生非法就业现象较为普遍，但是留学生勤工助学方面的政策仍然相对空白。从走访调查的情况来看，留学生因为经济压力在外兼职打工的例子不在少数。针对"你平时空余时间会出去打工吗"这个问题，加纳籍学生回答道："会啊，我现在的学费和生活费都是自己挣的，而且还攒了一些零花钱。我喜欢找幼儿家教的工作，教小孩子嘛，没有什么压力，工资还是按时薪算的，一个周末下来能挣不少钱呢。我周围很多同学周末空闲时都会和我一起做兼职呢。"越南籍学生在接受采访时表示："好多中国学生在学校里都有'三助'的岗位，他们在学习的同时，还能积累一些工作经验，这种岗位给留学生的却很少，希望将来学校也能多给我们一些这样的机会。"另外一个比较突出的问题就是来华留学生的居留许可问题。数据显示，近年来外国人主动在华非法居留现象日益严重，持有效签证入境而滞留不归的人数在逐年增长，来华留学生毕业或退学或被开除后不按时离境而长期非法居留的人数也有增多之势，这种现象给我国的社会安定、治安秩序埋下了隐患。所以，完善与来华留学生相关的法律法规既是对我国来华留学生事业不断发展的回应，又是对新时期教育对外开放的呼唤。

（六）实现从政治外事到教育外事的观念更新

自中华人民共和国成立初接收首批东欧五国的来华留学生以来，我国政府一直将来华留学生教育视作政治外事的基本环节。从来华留学生的招生到教学和管理（学籍、涉外、后勤）的所有环节都必须服务于国家政治需要和外交需要，这种"政治外交"观念反映在人们对来华留学生的角色定位上便是他们首先是外国人，其次才是学生。由于外国人的首要角色，来华留学生受到了"外宾"的种种待遇，拥有独立且远远优越于中国学生的教室和宿舍，甚至学校不能处分、开除来华留学生。尽管如此，来华留学生负面事件屡屡发生，并在国际上造成了一定程度的影响。这些事件在一定程度上说明，将来华留学生教育视作政治外事不合时宜。

尤其进入21世纪以来，在来华留学生规模飞速发展的情况下，来华留学生教育是政治外事的观念以及来华留学生首先是外国人，其次是学生的角色定位急需转变为来华留学生教育是教育外事以及来华留学生首先是学生，其次是外国人。来华留学生教育是教育外事，就是用高等教育的内外部发展规律来指导来华留学生教育，而非简单地仅仅服务于政治外交。因此，在高校来华留学生教学和管理中，来华留学生应首先具备作为学生的权利和义务，其次才考虑作为外国人的特殊性。

二、高校维度

（一）拓展来华留学生教育市场

我国大部分高校来华留学生的招生采取以中介公司介绍为主，以其他报名方式为辅的招生方式，这样的招生方式虽然在某种程度上保证了生源，但是，中介公司有时会对招生工作产生不良作用。随着高校来华留学生管理队伍水平的提高，要加强利用媒体、网络、广播、电台等现代化手段进行招生宣传，利用在校留学生生活、学习方面的优势来达到宣传的目的，把中介公司的作用逐渐淡化，减少中间环节，使国外学生能够直接获得招生信息，并且能够对招生工作的公平公正起到促进作用，实现学校和学生的利益双赢。近年来，我国很多高校充分利用高校的现有资源和教学条件与西方发达国家开展多方面、多层次、多领域的强强联合、强项联合等多种形式的交流与合作，其中最直接、最有效的国际交流与合作的途径就是对来华留学生的招收和培养。

目前，各高校随着改革开放观念的增强，为了在国际教育市场中占有一席之地，都采取了适合自身发展特点、对来华留学生具有吸引力的招生宣传策略，其效果显著，来华留学生的人数也呈逐年上升的趋势。近两年，我国来华留学生教育事业不断地与国外教育机构沟通，尤其是解决了跨国学历学位互认问题，从与俄罗斯和东欧等少数国家的学历学位互认，到目前与英国、德国、澳大利亚、法国、新西兰等其他一些国家学历学位互认，足以体现我国教育改革的力度和面向国际教育事业的发展方向。通过与世界各国具有留学生教育经验的大学交流与合作，我国高校扩大了招生渠道，逐步吸引了更多的国外学生来华学习。

（二）创造良好的教育教学环境

1. 建立完善的高校后勤服务体系

高等教育的发展需要多部门的协调合作，后勤是其发展的保证。为了提高高校办学的综合实力，加快高校自身建设，就要不断加强对学校后勤的管理与改革。要大力倡导激励制度并且改善教学环境，创造优良的科研条件，注重高校的对外形象。要不断创造社会效益，大力开辟多元化的教育渠道，将教育服务发展趋势推向社会化、市场化。高校在教育改革不断发展的过程中，应主动增强自身的创造力和生命力，要通过自身积累的教学经验来逐渐改革教学管理模式。要高瞻远瞩，将高校自身的教育环境和基础设施同时建设，创造一个适合来华留学生生活学习的环境。随着我国经济的发展，来华留学生的规模也在逐渐扩大，越来越多的来华留学生就是对我国高校教育环境的考验，这就要求高校不断地扩大规模、加强对来华留学生的管理，要充分地理解来自世界各国的留学生的文化传统，要在不违反我国法律和校规校纪的前提下，努力创造一个具有和谐氛围的校园环境。

2. 加强对教育教学体系的建设和管理

我国加入 WTO 以后，高校的教育教学工作必然要与国际接轨，管理人员必须具有参与国际活动的社交能力，这就要求来华留学生的教师和管理人员必须具有较强的业务能力。要结合行政事业单位体制改革和人员结构调整，加大事业单位吸纳人才的力度，提高自身吸收人才的待遇，也要提高选拔人才的能力，聘用高素质高能力的人才来提高高校管理队伍的水平。同时，要不断完善高校现有的教师考核制度与培训体系，要能够从高标准的培训体制中选拔出优秀的人才跻身一线教师的行列，要鼓励现有人员多参加技术交流，迅速提高自身的职业技能、业务水平和管理能力，要达到高校、国家乃至世界对高素质人才的要求。要充分认识高等学校在知识经济时代的基础地位和关键作用，努力做好来华留学生来华学习的各项工作。

"以教学为中心"作为教育的基本方针，同样适用于来华留学生的教育与管理。来华留学生教育管理的根本保证就是要有高标准的教学质量，从某种层面上说，没有教学就没有管理。在提高对外汉语教学质量方面，不仅要建立一支高水平的对外汉语师资队伍，还要拥有一定数量的取得对外汉语教学资格的教师。这些教师应知识渊博、造诣精深、熟谙对外汉语教学理论并有丰富的实践经验，这是提高汉语教学质量的关键。要达到"以教学为中心"的标准，必须提高高校来华留学生的教育水平，并加强高校来华留学生教育的硬件建设，改善来华留学生的教学环境。

教育应以学生为主体，高校对于来华留学生的培养方向和目标应进行合理的全方面定位，重视并加强对教育模式的管理与创新，这样才能提高来华留学生的整体素质，要始终以"拓宽渠道、扩大规模、完善管理"的思路来开展工作。目前，我国高校来华留学生的管理与教育规模，正朝着具有中国特色的留学生教育和管理模式的方向发展，而且很多高校正不断改革自身的教育模式，针对不同国度的来华留学生制订不同的教育计划，同时将汉语水平程度不同的来华留学生分为能够适应的学习层次来进行教学，对于教材也均能够针对不同理解力的来华留学生采用"阶梯制"来编写;与此同时,部分高校还提出让来华留学生得到大量的实习体验的教学计划,通过和相关部门沟通来为来华留学生争取到单位和企业见习的机会。来华留学生的教育事业是我国教育事业的重要内容,不但体现了我国和国际接轨的成果,还体现了我国经济、外交和经贸这些年来的蓬勃发展,所以说,来华留学生教育工作的成效以及国际影响与日俱增。

我国高等教育的发展离不开世界其他国家的宝贵经验,要不断地与其他国家进行交流并从中受益。招收和培养来华留学生是我国教育事业对外开放的体现,纵观教育事业对外开放的历史,发展中国家甚至是发达国家都有到中国求学的愿望,所以,我国高校必须主动加大招收力度,让其他国家了解我国的留学生培养制度。不同国家留学生的文化传统差异是我国教育事业多元化的一种体现,这可以发挥我国高校综合培养能力的优势。就目前的情况来看,来华留学生对于中国文学的学习能力还停留在中下层次,为了能够更好地让来华留学生达到一定学位水平,我国大力发展与国外院校的学历互认,这不仅能够让我国与国外的学位制度更接近,而且体现了我国在教育改革和面向世界发展方面正不断地变强。

3. 重视教育质量需求与问题分析

(1)来华留学生教育的质量需求

近年来,随着我国综合国力的增强,对外开放规模不断扩大,我国高校的留学生数量也不断增长。据统计,2018年共有来自196个国家和地区的492185名各类外国留学人员在全国31个省(区、市)的1004所高等院校学习。来华留学生教育的扩张推动了我国高等教育国际化的发展,这不仅具有重要的现实意义,还隐含着深远的战略意义。

实际上,留学生人数的激增并不能完全代表一个国家高等教育的国际竞争力,教育质量也是衡量高等教育国际化水平的重要指标。来华留学生教育是高校教育体系的一部分,也是我国国家战略中的重要一环,因此提升来华留学生的教育质量不仅会促进我国高等教育质量水平的提高,还会推动我国与其他国家在经济、政治、文化以及教育等方面的交流。2018年9月,教育部颁发的《来华留学生高等教育质量规范(试行)》为政府管理、高校办学和社会评价提供了留学生教育的指导和依据,其中专门强化了对来华留学生培养质量的要求。这表明国家对来华留学生教育质量的重视已上升到政策层面。高校作为来华留学生培养的主要阵地,应当根据留学生教育的特点对其各个要素中的不足之处进行有针对性的补充，从而提升来华留学生的教育质量。

目前，我国高校的现实状况与要实现的留学生培养愿景还存在一定的差距。从宏观来看，高校对于留学生教育教学的顶层设计不够完善，教学管理工作实施效率低；从微观来看，留学生在课堂或校园的收获也很难达到预期效果，更是有很大一部分留学生学习动机不明、懈怠被动，他们往往学习积极性不高、目的性不强、投入的时间和精力非常有限，最终的学业成绩或成果和各方面能力的发展也差强人意。

在分析来华留学生教育质量存在的问题时，文化适应因素常被认为是影响留学生教育效果的主要因素。这种说法是不够准确的，因为文化适应问题往往仅存在于留学生在华学习的初始阶段，并不会始终对学习投入产生影响。若说高校对来华留学生教育的重视程度不够，似乎也不尽然：除丰富的专业课程和语言课程外，大部分高校每学期也会设置诸如中华传统文化课程等选修课程以期加深留学生在华留学的全方位学习体验。当然，人们诟病最多的是"留学生教育观念滞后"。各种说法似乎各有其理，但并未指明留学生教育质量提升的实施初心与实践困难之间到底有何矛盾，即使认识到实践的困境也不能挖掘其深层次原因。这导致高校相关工作者难以找到改善工作的着力点，于是不得不陷入迫切求成和困于现实的恶性循环。要想走出这种困境，就必须从留学生教育质量评价入手，找到留学生教育的薄弱环节。但如何评价留学生教育的质量至今尚无一个统一的标准。

目前，留学生教育质量评价方式主要可以归纳为两类：一类是强调以投入资源、社会声誉等为主要指标的外部资源评价，另一类为强调以学生成长为导向的内部增值评价。我国高校目前尚未建立起健全的留学生教育质量评价体系，评估工作往往参照常见的传统评价方法，强调输入性指标，围绕学校硬件设施（如图书馆资源）、师资力量以及生源情况等外部要素进行，均缺乏真正体现留学生教育质量的核心要素，忽视了对留学生学习问题的关注。换句话说，许多高校都陷入了误区，把来华留学生教育的工作重心放在了"如何实施"上，而忽略了留学生自身的投入和体验。留学生的学习是其教育质量的重要标尺，留学生在华期间的所学所获、学校在留学生的发展中起了哪些促进作用，都应该是我们评价留学生教育质量最应该关注的问题。因此，开发和研究一种以教育质量为导向，以留学生为主体，以留学生的学习为出发点和落脚点的内部评价机制，无论是对留学生教育工作的改进还是对留学生的自身发展都具有重要意义。

（2）来华留学生教育质量问题分析

第一，来华留学生教学管理工作缺乏顶层设计。

①来华留学生教学管理工作的职责归属不够明确。来华留学生档案归属于高校中的不同培养单位，为使留学生教育和管理工作更加有序，一般情况下高校都会设立专门的留学生管理机构，即国际教育学院。然而由于留学生类型多样，教学管理模式也不尽相同，各个院系与国际教育学院并没有专门对留学生教学管理工作进行明确的权责划分。例如，针对教学工作，在混合班级中学习的来华留学生由其所在的培养单位负责，而独立成班的来华留学生则由留学生管理机构负责。这就导致部分教学管理工作置于中间地带，在一定程度上使来华留学生在学习或生活中缺乏明确的指导，自然也不能对自己的学习和生活做出相对合理的规划。

②留学生管理机构与教务处、各二级学院在留学生教学管理工作上缺乏沟通。由于与留学生管理机构分属不同系统，部分培养单位时常不能够将留学生的实际学习情况及时反馈到管理机构，致使教学管理工作难度加大、效率不高，从而影响留学生课内学习和课外活动的有序进行。

第二，来华留学生在教育中的主体地位被忽视。

来华留学生不仅是学习参与的主体，而且是教育质量评价的主体，在教育中有着极其重要的作用。然而在实际工作中，来华留学生的主体地位常常被忽视。

①来华留学生的主动合作学习水平较低。高校来华留学生在课堂上提出问题或在课堂上讨论问题、在课堂上进行演讲的频率相对较低，这说明无论是在课内还是课外，留学生的学习普遍缺乏主动性；在与其他学生一起做课程项目或在课外讨论与学习相关问题方面，留学生的得分也处于中等偏下水平，这说明合作性学习也并没有被足够重视。学生学习的主动性和合作参与性在很大程度上与教师的教学方法有关，若教师在实际的教学场景中不能够将足够的主动权"归还"给留学生，那么他们的学习积极性也很难被调动起来。

②高校教师与管理人员缺乏对来华留学生的针对性学习引导。来华留学生与教师或管理人员的交流总体来说质量较高，但主题与内容较生活化，缺少对学习相关话题的探讨。具体来讲，受文化背景、学习环境、语言障碍、生活习惯等因素的影响，来华留学生往往需要一定的时间来适应在华期间的学习和生活，因此高校十分重视在日常生活中对留学生进行耐心指导和热情帮助。但教师与学生关于学习的交流（如课堂的交流互动、课外的研究项目等）质量往往较低。

第三，来华留学生教育的进出口质量标准偏低。

目前，我国来华留学生的入学与毕业标准正处于"宽进宽出"的状态，即入学标准低、毕业难度小，学生普遍缺乏学习压力、投入度较低，这是来华留学生教育质量不高的重要原因。

①高校来华留学生的准入标准普遍较低。

首先，高校在招生时往往对留学生汉语水平的要求较低。由留学生班级类型分布可知，参与调查的留学生多数来自独立班级，参与英文授课项目。现实情况也是如此，高校在招生时往往对这类学生并无严格的汉语水平要求，这导致来华留学生的汉语水平总体较低。

其次，来华留学生的前期教育水平参差不齐。前期教育水平是指留学生的前期教育背景或前期学业成绩，对学生前期教育水平的检验与筛选往往也是对留学生学习能力和综合素质的评价。为达到高校国际化办学水平标准、追求大学排名，我国部分高校目前在招生上降低了对留学生前期教育水平的标准，"只求人不求才"，由此就很容易出现一部分留学生厌学弃学、扰乱教学秩序和影响整体氛围的情况，有时甚至会对社会产生负面影响。

②高校来华留学生的学业评价标准不高。

从调查结果可以看出，高校的来华留学生多数认为自己不必十分努力学习便可满足课程要求，这致使他们自身的学习积极性降低。此外，留学生所学课程对记忆、分析、综合与应用能力培养的强调力度不足，学校对学生学习时间和难度的要求也均处于中等偏下水平。

正是因为所学内容并不具备足够的挑战性，留学生觉得不需要投入太多时间和精力就能够过关，所以投入水平也会下降，学生的学习投入自然无法达到较高的质量标准，进而导致留学生的整体学习质量低下。而留学生的学业评价标准又是与整体教育质量相辅相成的，因此要想增强留学生的学习投入从而提升其教育质量，就必须从提高留学生学业评价标准入手。

第四，来华留学生国际化师资队伍建设不完善。

许多留学生在华期间投入学习的过程比本地学生更加困难，学业成绩也不甚理想，这与高校教师队伍国际化水平建设的不完善密切相关，其不仅体现为教师的外语水平较低，而且体现为教师的跨文化教学能力不足。

来华留学生往往十分看重授课教师的英语水平，认为这是评价一个教师能力的重要标准之一。在面对课堂内容理解困难、对知识掌握不全面等引起的学业失败时，留学生也常会不由自主将其归咎于教师的英语水平不高。因此，在选择留学院校时，留学生往往会把本校教师或导师的海外教育背景或外语能力列为重要考察内容。尽管高校正在为引进高素质、国际化的师资做出努力，但由于专业知识晦涩难懂，再加上语言障碍的限制，教师往往并不能最大限度地发挥所长。因此，仍有不少留学生对本专业教师的外语水平和教学能力产生了质疑。从《全国高等教育来华留学生调查问卷》的数据来看，仅有1.5%的留学生认为其所在专业的教师有着优秀的专业英文授课水平，而选择"一般"和"较差"的留学生所占比例高达66.2%。由此可见，我国来华留学生教师的外语水平有待提升。

此外，来华留学生专业课教师的特殊性在于其不仅要具备较高的专业素养和教学能力，还要能够流利自如地运用外语将知识传递给学生，同时也要具有很强的跨文化思维，只有这样才能在理论和实践上给予留学生高效的指导以及分析和解答留学生的问题。

第五，来华留学生参与学习的渠道缺乏多样性。

①高校对来华留学生的培养方式单一。留学生使用互联网媒体或其他网络媒介来讨论学习或完成作业的频率很低，这说明来华留学生教育的授课方式以传统课堂的形式为主，网络学习并不受重视。这一方面是由于留学生在华境内的网络访问受限，另一方面则是高校在国际学生网络学习资源建设方面相对缺失所导致的培养方式缺乏多样性的表现，即学校对留学生课外活动指导的缺失。尽管大部分高校每学期都会开展各种留学生文化体验活动以期丰富留学生的课外经历，但在此过程中学生并没有得到有效引导和鼓励，这使实际参与到其中的留学生仍占少数，留学生的收获也十分有限。

②来华留学生参与到实践中的机会较少。由于来华留学生具有外来旅居者的身份，其在中国的实习与社会实践往往会受到限制。来华留学生参加实习、实地调研或临床实验的频率较低，这对于一些实践性较强的学科的学习是十分不利的。

第六，来华留学生跨文化能力的发展具有局限性。

对跨文化能力的培养是留学生教育不同于普通高等教育人才培养的重要特点，因此跨文化能力的发展水平是评价留学生教育质量的一项重要指标。对于来华留学生而言，在混合班级（与中国学生一同学习的班级）中学习有助于其跨文化能力的发展。从问卷调查数据来看，在混合班级内学习的留学生在学习投入的6项指标中的表现均比在独立班级中学习的留学生好。这是因为混合班级制度对留学生与本地学生实行趋同化管理，学生在这种跨文化课堂学习的过程中可以与中国本地学生共同交流和进步，这样不仅能够使留学生在专业领域快速成长，而且能够潜移默化地提升其跨文化理解和交流能力。

（三）树立全新的教育管理理念

1."以人为本"的教育理念

高校需要将"学生中心"作为留学生教育改革的主题。虽然留学生与中国本土学生在文化上有着较大差异，但二者的"学生"身份并无异。换句话说，高校来华留学生教育与本土学生的普通学历教育都是中国高等教育中的重要组成部分，因此在高等教育质量提升的过程中，对留学生的教育质量也应有足够的重视，高校留学生教育工作者更应关注留学生在学习上的收获。

针对不同国家、不同特点的来华留学生，高校需要在尊重差异的基础上树立起以学生为中心的教育理念。在思想教育、心理疏导和行政管理工作中，高校往往能够考虑到不同留学生的文化差异，然而这种差异对学习的作用却很容易被忽视。实际上，来自不同国家和地区的留学生对中国特色教育的接受能力都有差异，因此其学习特点也不尽相同，这不仅受制于中外之间的文化距离差异，还与留学生个人的跨文化能力有关。因此，要想帮助留学生提升学习质量，高校需要认识到不同留学生在学习上的差异性，给予他们更多在学习上的关怀，只有这样才能使他们更好地融入学习环境、优化学习效果，从而促进整体留学生教育质量的提升。在具体实施方面，高校可以加强对留学生教育的基础研究，通过大量的数据分析来了解留学生之间文化思维和学习习惯的差异，分析和总结留学生在面对具体学习情境时所面临的不同问题，从而在教育教学的过程中围绕其差异特点构建多样化的干预体系，探索适合留学生的培养模式。此外，还应根据本校情况尽量对来华留学生实施趋同化管理，这样不仅能够加强中外学生在学习上的交流，而且有助于在教学中提升留学生对教师教学的适应程度，调动留学生在学习上的主观能动性。

2.质量服务的管理理念

一个国家对留学生的招收和培养会影响这个国家的综合国力。目前我国来华留学生事业正处在一个重要的机遇期，有着关键的战略意义。进入 21 世纪，世界各国都在不断地发展本国经济，这就要求国家要有高能力、高素质的人才，因此，迅速吸引各国尖端人才才能立于不败之地。而我国正处于发展中阶段，也是对综合人才需求的必要阶段，这就要求我国的高校教育机构必须承担起来华留学生人才培养的艰巨任务，所以说，来华留学生管理队伍和教学队伍的建设是我国教育任务的重要组成部分。因此，高校来华留学生的教育应始终本着人才资源是第一资源的理念，要积极改善来华留学生的教育环境、完善来华留学生培训体制、改革来华留学生教育模式；要建设正规化、职业化的来华留学生管理队伍，实施教育教学改革，增强师资力量，改善教学环境。

　　来华留学生的管理工作并不只是一种管理任务，而是一个需要多方面配合的系统工程。在这样的复杂工作中，难免会遇到一些棘手的问题，这就要求高校在管理工作中不断地分析和总结，并把总结的宝贵经验用到来华留学生的管理工作中去，使来华留学生的管理工作不断完善，从而推动来华留学生教育事业的持续发展。深化教育改革、完善教育教学管理体制是当今教育管理的大方向，但是，这并不意味着要用各种规章制度去束缚被管理者，而是要把服务与管理相结合，树立质量服务的管理理念，提高服务质量，增强管理能力，从而为来华留学生提供优质的服务。尽管来华留学生来到中国学习有不同的理想和目标，但是，他们唯一不变的就是对中国和汉语的热爱。来华留学生从四面八方来到中国学习，由于语言不通、人生地疏、文化差异等，必然会遇到很多困难，因此，需要高校的教育管理人员经常与来华留学生进行沟通，无论在生活还是学习方面都应该主动帮助他们解决困难，从感情上得到来华留学生的信任，加强与他们的情感交流，在互相了解的基础上开展工作，既要按照学校的规章制度处理事情，又要在生活和学习上主动帮助他们来实现双赢。

（四）加强来华留学生认同教育

　　高校应从实际出发，提供形式更加丰富的文化活动，扩展参与群体，丰富课程中的中国元素，强化留学生认同中国的教育。

1. 深化中国国情和文化体验活动

（1）组织来华留学生体验周边文化

　　建议高校开设形式多元的中国国情和文化体验活动，将其列为来华留学生的中国概况类课程的实践课内容，结合中国概况类课程内容设计活动形式，课内讲授与课外实践相结合，增强来华留学生的学术整合和社会整合能力，增强来华留学生对中国社会和文化的认知与体验。例如，高校可以组织来华留学生参加周边乡镇地区体验活动，通过走访省内非物质文化遗产传承基地、民俗博物馆、地区优秀社区以及具有中国特色的老宅和胡同等，向来华留学生传播中国传统的民俗文化、乡村文化、市井文化和胡同文化，帮助来华留学生实地了解中国社会的发展状况，使其切身感受中国普通人民最基本的价值观，在体验中国传统文化精髓的同时加深对中国社会价值观的认同。组织中外学生参加社会公益活动，高校可组织来华留学生开展社会慈善活动，如组织中外学生利用双休日到孤儿院、养老院开展志愿者服务，帮助留学生深入感知中国尊老爱幼的优秀传统，增强来华留学生的情感认同与价值观认同。

（2）鼓励留学生参与社会调研与志愿服务

高校应该针对来华留学生群体开展丰富多样的实践活动，在保证留学生安全的前提下鼓励来华留学生进行有针对性的社会调研活动，深入感知地区环境与人文特色。定期安排来华留学生参观群团组织活动，走进街道社区开展访谈、调研，在图书馆、学校餐厅等场所和重大活动中担当志愿者，在工作中提高能力，了解百姓生活，了解大众的思想、价值观、风俗习惯等，促进来华留学生与社会的正面良性互动，增加来华留学生对中国问题的理解。高校应鼓励中外学生合作，共同参与调研体验活动，使来华留学生由旁观者变为参与者。组织中外学生合作开展社会调研，进行有针对性的社会调研，如调查分析中国传统企业发展情况、某一中外合作项目的进展情况等，在社会调研中促进中外学生的文化交流与理解，并使他们充分了解中国市场经济的特点、中外合作的意义。中外学生共同参与调研活动，可以促进双方对彼此的尊重与理解，促进中外学生相互学习、共同进步。

2. 加强中国概况类课程建设

（1）丰富中国概况类课程内容

大多数来华留学生在中国概况类课堂上的表现较为沉闷，这些来华留学生看似没有任何学业上的问题，实则是没有听懂教师所讲的中国概况课的课程内容，或没有理解在某一情景下中国人为何会做出某种行为，所以根本提不出问题来。中国概况类课程旨在全面而概括地介绍中国的国情和文化背景知识，课程内容应该涵盖中国历史、地理、社会、经济等中国国情和文化基本知识，通过学习加深来华留学生对中华文化、中华文明的理解和感悟，提升他们的中华文化素养，从而促使来华留学生了解中国政治制度和外交政策，理解中国社会主流价值观和公共道德观念，形成良好法治观念和道德意识，增进对中国文化、人文情感、思想价值、社会制度等的认知认同。

（2）构建中国概况类课程体系

中国概况课是对外教学中一门重要的文化课程，包括中国的地理、历史、宗教、哲学、经济、文学、医药等多类别知识，是对中国各方面知识的系统讲授，课程内容比汉语课内容广泛得多，它的容量`受到整个计划和课时的限制。中国概况类课程不应仅设置为一门课，应构建一个课程体系，由浅到深，分为几类或几门课程，从入学开始直到第二年结束，每学期都安排不同内容的课程。针对新入学汉语水平不高的学生，中国概况类课程主要为中国文化、名胜古迹、旅游景点等内容，再将太极、国画、毛笔等具有中国传统文化特色的课程作为

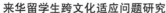

选修课辅助来华留学生适应中国环境；针对较高年级的来华留学生，他们经过一到两年的汉语学习，能应付日常生活，听得懂中国人的谈话，有一定的汉语基础，可以安排他们进行一些社会实践，深入了解中国社会，认识和了解中国的改革与发展以及社会主义核心价值观等。

3. 打造专业课程中国特色品牌

（1）增加专业课中的中国元素

高校在专业课教学内容上要适当加入具有中国特色的中国元素，在专业课教学内容上，我们应该充分考虑来华留学生的学习目的、学习能力以及学习兴趣等因素。在教材中加入一些和中国的经济、教育、政治、生活有关的话题，加入本专业来自中国或在中国得到进一步发展的思想，加入中国在快速发展中总结出来的理论和方法。例如，马克思主义中国化的理论，领先世界领域的中国科学家的思想理论，中国的一些学术发展历史以及一些西方著名思想本土化、中国化的成果，这些内容不仅可以引起来华留学生学习的兴趣，还可以让他们联系自己国家的情况与教师进行互动讨论，在讲到中国的一个问题后，举一反三，适当介绍中国学术界在本领域的研究现状以及领先世界的一些突出贡献、中国的知名专家以及中国某些领域的学术发展史，再与其他国家的内容进行对比，可以让留学生感同身受，从而提高来华留学生对课程内容的学习兴趣，也让来华留学生更有课堂参与感。

（2）向留学生介绍中国实践成果

高校应该增加来华留学生实践课程比例，把实践教育作为一项重点内容进行设计和安排，加大实践类课程的学时和学分，保证实践教育的时间基数。在专业课程实践上要鼓励来华留学生将本领域的中国理论和实践成果与其国家的实践相结合，也鼓励来华留学生将其国家在本领域的先进理论、经验、方法在中国的实践中运用，形成中外结合的特色经验、理论或方法。高校应努力创新实践课程模式，在整合现有课程资源的基础上，建设以领域或问题为导向的聚合课程，让来华留学生能够基于某一领域或问题进行深入研究，确保实践教育的实效。也可联合企业开展实践理论教育，对来华留学生来讲，一方面可以直接学习到中国先进的经营模式，见证中国的发展，另一方面可以提高语言交际能力，提升职业资历和就业竞争力。

4. 丰富来华留学生的社会交往形式

开展丰富多彩的文化实践活动，能够帮助来华留学生快速适应新环境。"每个学期，学校老师都会精心策划一些活动，鼓励我们参加，比如春日采风活动、十二生肖剪纸比赛、寝室足球联谊赛、'三农文化'体验等，在对这些活动的参与和体验中，我们更多地了解了中国五千年的文明和现代化的发展。学校的老师还处处为我们着想和考虑，圣诞节的时候和我们一起守夜，春节的时候考虑到我们好多人不回国，组织我们一起包饺子、吃年夜饭，在中国的点点滴滴都能让我们感受到温情和暖意。"在中国生活和学习了将近七年的一名外国博士生回忆着过去的点点滴滴。

（五）完善来华留学生教育管理制度

随着中国高等教育的快速发展和中国整体社会化服务水平的不断提高，立足于发展现状，进一步完善与中国高等教育发展相适应的来华留学生教育管理制度，才能保证来华留学生工作顺利健康地向前发展。

在制定来华留学生管理制度时，既要充分考虑到我国当前社会发展的总体水平，立足国情，又要开展一些前瞻性布局的研究，从而进一步完善来华留学生管理制度，在制度上为今后来华留学生工作的健康发展提供全面支持和强有力的保证。

1. 改进教学管理制度

（1）改进专业设置和课程设置

我国高等学校的专业设置和课程设置由于受到历史的影响，绝大部分借鉴了苏联高等教育的模式，尽管经过了约 70 年的发展，并不断进行调整，但总体上变化并不是很大。现有的专业设置和课程设置主要存在以下几个弊端。

①对专业设置和课程设置的研究不够重视，缺乏改革意识，改革力度不够，研究的一些成果脱离我国的实际。

②过多地借鉴和引进西方发达国家的做法，转化吸收的能力较弱，造成教材等无法跟进，只能全部引进。

③专业设置过窄，课程设置中选修课的比例较低，选修课数量太少，内容过于狭窄，跨年级、跨学科的选修课相对更少，不利于学生广泛兴趣的培养和通才教育的实施。

④专业设置改革进程慢，有的专业几年，甚至十几年不变，教学内容更新缓慢，课程设置脱离实际，实践课程严重不足，教学重理论轻实践，造成学生毕业后无法适应社会的需要。

针对以上弊端，我们建议政府能够在制度上给予学校更大的办学自主权，减少对学校办学和教育过程的行政干预，鼓励高校自主开展符合社会需要和人才培养目标的专业设置和专业课程体系建设，由高校根据市场的需求、用人单

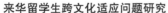

位的需求，设立一些与实际需求相符的专业和课程体系。同时要根据留学生教育的需求，在专业课程设置上，特别是本科教育阶段，增加技能型、实用型课程的设置，学生的课堂学习和实习要充分结合，理论和实践要结合，使毕业生能更好地适应未来工作岗位的需要。

（2）采用学分制，建立弹性学制

学分制是衡量学生学习进度和水平的一个计量办法，是目前国际教育界普遍采用的一种先进的教育管理制度，它是建立在选课制度的基础上的，充分体现了"以学生为中心，尊重个体差异，注重个体培养"的教育理念。

因此，要想实现学分制改革，核心的问题是学校能够提供多样的选修课程，否则学分制改革只能是一句空话。高等学校要加快对教学计划的改革，在保证基础知识学习的前提下，加快选修课程体系的建设。既要保证选修课程的质量，又要提供更多的选修课数量，建立健全学分制，使学生能够根据自己的爱好和需求，自主选择合适的选修课程，从而激发学生的学习兴趣和主动性，提升学生的各项素质。

对留学生来说，学分制的实行显得尤为迫切和重要。由于很多课程如政治、哲学、外语、体育等来华留学生可以免修，所以留学生比中国学生有更多的时间和精力提前进行课程学习，修满学校规定的学分后，就可以写毕业论文，提前毕业。

在这种情况下，一方面，优秀的留学生可以在一定程度上缩短学习年限，增强来华留学的吸引力。另一方面，可以使我国高等教育和国际接轨，吸引更多的国外学历生来华进行短期学习。

2. 进一步完善基本管理制度

（1）完善学校管理体制，全面推动趋同化管理

来华留学生教育管理工作的最终目标是实现和中国学生的同一化管理。由于来华留学生教育工作尚处在初步发展阶段，应该说来华留学生质量和中国学生相比尚存在较大差距，所以实施同一化管理，应该说是我们将来努力的方向，当前我国开展来华留学生教育，推动趋同化的管理势在必行，应逐步缩小来华留学生与中国学生管理要求的差别。

多年来，留学生教育管理工作者根据中国开展来华留学生工作的实际情况，提出了留学生管理与中国学生管理趋同化的管理模式，应该说这是我们可以逐步实现的近期目标。所谓"趋同化管理模式"，就是要在不断提高留学生质量的前提下，在校内各项管理工作中，把来华留学生教育管理工作和中国学生的

管理模式逐步统一，在日常教学、考勤考绩、毕业标准等方面要根据留学生教育的发展情况，逐步向中国学生的管理要求和标准靠拢。

新时期，按照教育改革发展纲要的要求，各高校校领导要充分认识到开展来华留学生教育对高校国际化的重要支撑作用，要把开展留学生教育作为逐步建设国际型高水平大学的一项重要内容。

教育行政部门应出台有关文件，对将留学生管理工作纳入学校学生管理体系、实现趋同化管理提出明确要求，参照管理中国学生的相关制度，将留学生的管理工作落实到位。明确学校各级管理部门、院系、教师、辅导员、管理人员的责任、权利和义务，将现在本不应该由留学生管理部门分管的学籍管理、教学管理等相应地分配到学校的其他各级管理部门和教学部门中去。一方面理顺学校的管理体制，实施专业化管理；另一方面减轻留学生管理人员的工作负担，使留学生管理人员能够有更多的时间和精力开展服务工作，为留学生提供更加符合留学生教育需求和规律的服务内容，并提高服务质量。

（2）建立来华留学生教育的评估和监督制度

来华留学生教育的发展，既要保证数量的快速增加，又要保证质量的不断提高，不能只追求规模的扩大，而忽视了培养质量的提升。没有质量做保障，来华留学生教育的发展还将停留在低水平阶段，这是不科学的，不可能保持健康稳定的可持续发展。因此，逐步建立符合中国发展国情的来华留学生教育评估和监督制度势在必行。

建立来华留学生教育的评估和监督制度，因各高校情况有所不同，所以决不能对所有的学校采取"一刀切"的评估办法，否则会引起办学者的抵触，评估工作将很难进行。

在建立和执行来华留学生教育评估和监督制度时，应考虑不同地区、不同高校的基本办学条件、开展留学生教育的软硬件水平、来华留学生规模、规章制度建立的规范化程度、留学生教育管理的执行水平等因素。来华留学生教育评估和监督制度应是量化的、可操作的，侧重从学校纵向发展的角度进行比较和评估。

同时，这种评估和监督制度在执行时对不同学校要各有侧重。对留学生人数较多，开展来华留学生教育时间比较长的高水平大学，要提出更高的要求；对开展来华留学生教育时间比较短的地方高校，主要侧重评估学校开展留学生教育的办学条件和规章制度的规范化执行情况等。以评促建，通过建立评估和监督制度，督促学校改进和加强留学生教育和管理工作，从而不断促进学校改善办学条件，提高办学水平，推动学校教学质量和服务水平的提高。

3. 完善教育管理人员及教师的准入和培训制度

（1）完善教育管理人员的准入和培训制度

来华留学生的教育管理工作既和中国学生的教育管理工作有很多相似之处，又有很多不同。留管工作有相当大的特殊性和复杂性。因此，对来华留学生教育管理人员的选拔就需要专门制定特殊的准入和培训制度。

外国学生来华学习，需要面对与母文化不同的文化习俗，面对全新的环境，还有巨大的语言障碍，面对完全不同的管理要求，因此留学生需要一个适应的过程。少数留学生适应能力差，因语言的障碍、沟通手段的缺乏，加之性格内向，出现很多不适应的表现，甚至出现精神方面的病症。因此作为来华留学生的教育管理人员需要具备较高的外语水平，能够和学生无障碍地进行沟通，这样才能了解留学生存在的问题和遇到的困难，及时掌握留学生的思想动向。

尽管我国开展来华留学生教育管理工作已有70年，但是发展水平还相对较低，外国学生占学校学生总人数的比重相对较小，例如，北京大学、清华大学、复旦大学等留学生人数较多的高校，留学生的比重也不到10%，其中长期生特别是学历生人数更少，仅为4%左右。因此，我们的留学生教育管理工作主要由留学生管理部门的工作人员负责，而他们既要从事学校的留学生招生、录取、在校管理等各项事务性工作，又要承担留学生的日常教育管理工作，导致他们很难在日常管理中投入更多的精力。

因此，针对留学生群体建立与中国学生管理相类似的辅导员管理制度势在必行。要制定优秀辅导员的准入制度，要在外语水平、跨文化交际能力、对外交往能力等方面对有关人选进行考察，同时还要求他们掌握辅导员必备的教育学、心理学和管理学等方面的知识，从而真正发挥留学生教育管理人员的作用。与此同时，要建立对留学生教育管理人员的定期培训制度。

建立和完善留学生教育管理人员培养和培训机制，不断提高队伍的整体素质，是建立一支高水平留学生教育管理队伍的基础。要对留管人员进行一般业务培训和专题业务培训，定期组织脱产或半脱产的业务培训，培训的重点内容是留学生教育管理工作中需要的知识和业务能力。通过培训，全面提高管理人员的管理水平和服务水平，为学校开展来华留学生教育打下坚实的基础。提高管理水平，做好学校的留学生服务工作，将会增加学校招收外国留学生的吸引力。

（2）完善教师的准入和培训制度

①建立教师准入制度和培训制度。与留管教师的准入制度相一致，针对高

校专业教师建立准入制度，特别是针对目前国内发展时间不长的使用外语进行国际课程授课的教师建立准入制度。教师良好的专业素质、外语能力和教学水平是提高留学生培养质量的前提和关键。建议在教师准入制度方面出台有关文件和规定，把其作为选择、录取、聘任教师的可参照标准，用以考核专业教师的业务知识水平和教学水平，确保教学师资的质量。

政府要建立高校教师的定期培训机制。中央、地方各级政府及教育行政部门可以出台一系列的激励措施，在制度上、经费上鼓励高校开展定期的师资培训。同时要加强对培训的评估，建立公平的培训考评机制，并与教师工资和职称评定等挂钩，为高校教师培训工作的质量提供保障。

高校应建立学术休假制度。在美国等西方发达国家，高校教师的学术休假制度已经非常普遍，已经是教师培训的制度化举措。我国高校在条件允许的情况下也应该建立这种学术休假制度，使教师有时间和精力进行学术研究，促进他们的学术发展。教师休假期间，学校在制度和经费上要给予支持，培训期间的工资、津贴、差旅费用等应得到有效保证，为他们参加国内外的相关培训及各种学术交流活动提供切实保障。

②对有双语教学能力的教师进行有计划的专门培训，帮助他们快速成长。新一期教育规划纲要提出要"增加高等学校外语授课的学科专业"。来华留学生教育迫切需要开设外语授课的专业和课程，那么显而易见，具备外语授课能力的专业教师尤为重要。因此，对高校青年教师的师资水平，特别是外语授课能力提出了非常高的要求，要求高校必须根据本校的实际情况，根据本校教师的师资条件，有目的、有重点地对教师开展培训。既要培训教师的专业教学能力、更新教师的知识结构，又要对有一定外语基础的青年教师开展外语培训，使他们能够适应外语授课的需要。同时，要为这些教师创造更多的机会，使他们能够开展外语教学，在实际工作中得到锻炼，从而不断提高外语授课的能力和水平，做到教师培训、实践相结合。

国家应按照教育规划纲要的有关要求，专门针对高等教育国际化的需要，制订相关课程专业教师出国培训计划，提出具体举措，提供专项经费，专门用于双语专业教师的培养项目。选拔具备一定外语水平的青年教师，开设有针对性的出国专项培训班，开展有计划、有重点的强化培训，提高双语教师的外语教学水平，为加快使用外语教学的国际课程专业建设，提供充足的师资保障。

各高校也要充分利用本校的国际合作与交流渠道，和国外的友好院校开展学术交流，鼓励青年教师走出去，把国外教师请进来，充分利用国内国外两种资源，做好双语教师的培养工作，提高教师的专业教学水平和外语授课水平，为本校开设更多的国际课程提供所需师资。

（六）完善来华留学生教育的质量保障体系

一方面，生源质量是影响来华留学生教育质量的直接因素，高校要严把"入口关"，保证来华留学生的生源质量。

近年来，部分高校往往以牺牲生源质量为代价来扩大留学生教育的规模，没有对留学生进行严格的准入选拔，因此出现了不少滥竽充数的现象。目前来华留学生的生源质量已成为不得不重视的问题，培养层次偏低、生源地过于集中、学科专业分布失衡、杰出人才数量少等情况比比皆是。这看似是高校筛选不当的结果，而筛选仅是导致生源问题的原因之一。

实际上，留学生与接收院校之间的选择是双向的，也就是说，在筛选留学生的同时，高校也应懂得如何识别和吸引"优质生源"。因此，在理论层面，相关领域研究者需要着力探索影响留学生选择院校的各方面因素，从而为相关政策的制定和评估提供科学依据；在实践层面，高校应将基础研究成果落到实际工作中去，摒弃盲目追求规模的观念，树立正确的生源质量意识。在具体实施上应严格把控来华留学生的准入标准，如学术水平、中文水平、综合素质、先前学习经验和学业成绩、教师评价和社会实践等。

另一方面，高校要严把"出口关"，提高来华留学生的输出标准。在建立有层次的课程体系的基础上，留学生的评价标准也应随之规范化。

其一，要规范来华留学生的学习专业评价标准。来华留学生在学科专业上的培养目标和毕业要求应与所在学校和专业的中国学生一致，要符合相应教育层次、专业的教育教学标准或相关规范。

其二，要关注来华留学生各项能力的发展。学业成绩或专业排名只是留学生发展量化指标中的一部分，不能完全代表留学生教育的整体质量水平。在毕业时，高校还应测试留学生在思考能力、问题解决能力等方面的发展，以判断留学生是否通过一段时间的学习和锻炼而取得了实质性的进步。

（七）完善来华留学生突发事件应急管理机制

1. 完善来华留学生突发事件应急预防机制

虽然来华留学生突发事件具有突发性、不可预测性等特点，但是在实际工作中仍然可以通过提高应急管理主体的应急管理意识、加强突发事件应急管理、完善信息收集与监测预警机制、健全信息交流与报送机制的方式，变被动应急处置为主动预防，及时采取干预措施预防甚至避免突发事件的发生。

（1）提高应急管理危机意识

来华留学生突发事件应急管理危机意识是应对来华留学生突发事件的起点，高校在来华留学生突发事件应急管理工作中不仅要对留学生进行安全教育，还应当提高应急管理主体的突发事件应急管理危机意识。应急管理危机意识的缺失将会导致更多"事后救火型"的来华留学生突发事件应急处置，错失对可能发生的来华留学生突发事件进行预防的时机。因此，在实际工作中高校应当转变观念，强化来华留学生突发事件应急管理主体的危机意识，将来华留学生突发事件应急管理危机意识与应急管理知识的培训纳入高校来华留学生管理整体工作中，增强突发事件应急管理主体的应急管理能力。高校可以根据制定的来华留学生突发事件应急预案，对来华留学生突发事件进行演练，在实际演练中增强来华留学生突发事件应急管理主体的应急管理危机意识。此外，来华留学生突发事件应急管理主体在实际工作中应该提高敏感性，主动跟踪和关注国内外局势并分析可能对留学生产生的影响，对出现的各类异常苗头及时跟进、预判，做到早发现、早预防、早处置。

（2）加强应急预案管理

来华留学生突发事件应急预案的制定和管理体现着高校的来华留学生突发事件应急管理能力，关系到能否及时、妥善处置来华留学生突发事件。应急预案旨在解决突发事件事前、事发、事中、事后，谁来做、怎样做、做什么、何时做、有什么资源做的问题。因此，高校要不断加强来华留学生突发事件应急管理，随着各种新情况、新问题的出现而不断更新与完善应急预案，加强应急预案管理。

①对于当前已经制定来华留学生突发事件应急预案的高校，首先，应该提高突发事件应急预案的执行度。在实际面对来华留学生突发事件时及时启动应急预案，严格按照突发事件应急预案来处置突发事件。其次，增强应急预案的与时俱进性。高校要根据实际突发事件处置过程中遇到的新情况，通过调查、研究、分析、总结等方式，及时对应急预案进行调整，不断完善突发事件应急预案。最后，加强对突发事件应急预案的演练与宣传。高校应当有计划地组织来华留学生参加应急培训和消防、自然灾害、公共卫生事件等的应急演练活动。来华留学生突发事件应急预案制定后不应该将其束之高阁，高校应该在日常工作中定期对来华留学生突发事件应急预案进行演练与宣传，在演练中提高应急管理人员的应急管理能力。

②还未制定来华留学生突发事件应急预案的高校应当按照上级教育主管部门的要求，根据自身来华留学生管理实际情况，尽快制定科学、有效、完整的

来华留学生突发事件应急预案。高校在制定来华留学生突发事件应急预案时应当注意以下几点。

一是充分调查研究。高校在制定来华留学生突发事件应急预案时应该充分调查本校的实际情况，根据本校来华留学生管理实际，制定符合本校实际的突发事件应急预案。此外，高校在制定预案时可以向其他预案较成熟的高校、政府相关部门或者国外高校学习、借鉴，尽量避免预案制定过程中的弯路。

二是整合校内外资源。高校在制定来华留学生突发事件应急预案的过程中，应当准确掌握并整合高校所拥有的来华留学生突发事件应急管理各类资源，对各类资源进行评估后制定应急预案，如是否能够组建预案制定工作团队，是否能够提供充足的应急管理保障等。

三是严格审核来华留学生突发事件应急预案。为了确保应急预案的科学性、可行性、合理性、合规性和合法性等，高校在完成来华留学生突发事件应急预案的制定后，应当对所制定的突发事件应急预案进行严格审核，如可以通过校内审核与邀请相关专家进行校外审核的方式进行，必要时则需要将制定的来华留学生突发事件应急预案报送至上级教育主管部门进行审核。

（3）完善信息收集与监测预警机制

教育部在《来华留学生高等教育质量规范（试行）》中规定："高等学校应当开展来华留学生风险监测评估工作，对来华留学生个体或群体的学业、健康、安全等方面的风险事项进行识别、分析和预警，及早采取防范和干预措施。"来华留学生突发事件具有突发性、不可预测性，因此，在日常工作中对来华留学生的信息进行收集和对可能发生的突发事件进行监测预警就显得尤为重要。当前高校对留学生的各类信息获取主要依靠任课教师、班主任、留学生管理者、宿舍管理者等，但由于信息收集与监测预警缺乏完善的机制，导致所获取的信息是孤立的、不全面的，无法对新信息进行充分分析并用来对突发事件进行监测预警。因此，在日常工作中，高校在应对来华留学生突发事件时应注意以下几个方面。

一是强化基础信息管理。高校应该在录取学生时和学生入学后对学生的基础信息进行采集、梳理与核实，为学生建立学习档案，从总体上掌握来华留学生的情况，为应对突发事件提供基础信息支撑。例如，掌握留学生在华紧急联系人信息、留学生家庭住址及联系方式、留学生来源国驻华使馆、留学生同胞等的联系方式、留学生心理和生理信息等。

二是完善留学生日常动态信息收集制度。随着各高校对来华留学生进行趋同化管理，高校在日常来华留学生突发事件应急管理中应明确信息收集主体，即逐渐健全当前由任课教师、班主任、辅导员、留学生管理者、宿舍管理者等组成的信息收集主体，增加留学生舍友、留学生同胞、班级学生干部等与其密切接触的信息获取主体，努力构建一个全方位的信息收集网络。高校应当细化、明确需要收集的信息内容，对信息收集主体进行集中宣传和培训。例如，在信息收集时应当注意从学生的基本信息（姓名、性别、国籍等），学业信息（学生类型、所在年级、专业、考勤、作业完成情况等），日常生活信息（宿舍作息、校内关系、社会关系等）等几方面，对可能导致突发事件的各种因素进行全面了解，为突发事件的监测预警做准备。高校可以利用信息技术，通过技术手段丰富学生信息收集方式。此外，高校应当对信息收集的方式和信息知晓范围做出严格规定，避免出现泄露学生隐私或因收集信息与学生产生矛盾的情况发生。

三是加强来华留学生突发事件监测预警。高校在获取由上述信息收集主体所收集的信息后，应当将获取的信息进行分析处理，提取其中对突发事件监测预警有用的信息。来华留学生突发事件应急管理主体可根据信息对可能出现的或者初步出现的突发事件进行严密监测预警，密切关注并对突发事件可能的发展动向和趋势做出分析和判断，为来华留学生突发事件应急管理主体处置突发事件提供信息支撑。

（4）健全信息交流与报送机制

能否快速、高效、顺畅地将突发事件收集主体所获取的学生信息及突发事件相关信息传导至来华留学生突发事件应急管理主体和上级教育主管部门，关系到高校能否早发现、早干预与早处置来华留学生突发事件，因此来华留学生突发事件信息交流与报送机制就显得尤为重要。高校在健全来华留学生突发事件信息交流与报送机制时应当考虑以下几点。

一是加强信息交流。来华留学生突发事件信息收集过程涉及高校来华留学生管理诸多部门，信息的获取是大量的、复杂的。信息交流主要指将任课教师、班主任、辅导员、宿舍管理人员等获得的信息串联起来，实现信息共享，对信息进行分析研究，剔除无用的且重复的信息，为突发事件的预防和信息报送做好准备。高校可以利用现代信息技术手段，建立来华留学生突发事件信息交流平台，指定专人负责并及时将各信息收集主体获得的信息上传至平台，对信息进行分析研究。此外，高校还应该加强同上级教育主管部门、公安部门、消防部门、外事部门、驻华使（领）馆等的信息交流。

二是加强信息报送机制建设。如果信息收集主体所得信息不能及时被来华留学生突发事件应急管理主体获取，来华留学生突发事件应急管理主体就无法对信息进行分析研判并做出应急决策，将导致应急管理主体错失对留学生突发事件进行干预的时机，最终导致突发事件的发生。因此，高校来华留学生突发事件应急管理信息报送机制的建设至关重要。

高校应根据各自的来华留学生管理模式，建立从第一信息获取人到来华留学生突发事件应急管理主体的多级信息报送机制。例如，可以根据学校学生管理层级，建立四级报送机制。

第一级信息报送者为信息获取主体，主要包括留学生班主任、辅导员、宿舍管理人员、留管教师等，主要负责将第一时间获取的留学生突发事件信息或各种迹象上报至第二级信息报送主体。

第二级信息报送者为学生所在院系，主要是指负责来华留学生教学和日常管理工作的二级学院。第二级信息报送者将获取的信息进行初步分析，上报至第三级信息报送主体。

第三级信息报送者是指高校来华留学生突发事件应急处置办公室。由应急处置办公室将信息进行整合、分析，给出初步的处置方案，按照规定的程序报送至来华留学生突发事件应急处置工作领导小组，为应急处置工作领导小组做出应急决策与处置提供参考。

第四级为高校来华留学生突发事件应急管理主体，即来华留学生突发事件应急处置工作领导小组。来华留学生突发事件应急处置工作领导小组在获取来华留学生突发事件应急处置办公室的报告后，对突发事件的应急处置做出决策，完成对突发事件的处置，最后将突发事件具体情况上报至上级教育主管部门、外事部门等。

2. 完善来华留学生突发事件应急处置机制

（1）提高应急决策的科学性

国内学者薛澜、张强、钟开斌从危机决策的具体措施出发，认为危机决策是组织在有限的信息、资源、人力等约束条件下应对危机的具体措施，即在出现意料之外的某种紧急情况时，为了不错失良机而打破常规，省去决策中的某些"繁文缛节"，以尽快做出应急决策。高校来华留学生突发事件应急决策就是在突发事件发生后的紧急情况下，由突发事件应急管理主体在信息、资源、人力等有限的条件下，对来华留学生突发事件的处置做出的具体决策，可以为不错失良机而省去决策中的某些"繁文缛节"。为了使来华留学生突发事件应急决策更科学、及时、有效，应当从以下几方面对来华留学生突发事件应急决策进行完善。

一是建立科学的应急决策机制。高校在来华留学生突发事件应急决策中应当建立科学的应急决策机制。在这个机制中，既要发挥学校领导层丰富的管理经验的作用，又要倾听其他突发事件应急处置工作人员的声音。此外，在应急决策过程中，要时刻关注突发事件的相关信息，对可能发生的情况进行预判，对突发事件的变化进行快速反应并给出应对方案。

二是提高来华留学生突发事件应急决策主体的决策能力。高校来华留学生突发事件的应急决策主体是来华留学生突发事件应急处置工作领导小组，主要由高校的校长、副校长和各相关部门的一把手组成。在日常工作中，应急决策主体需要学习并掌握应急管理的专业知识，掌握突发事件应急决策相关理论，熟悉来华留学生教育管理工作与在校来华留学生实际情况，为科学决策提供支撑。

三是建立突发事件决策咨询机制。高校来华留学生突发事件复杂多变，具有很大的不确定性，需要来华留学生突发事件应急决策主体在应急处置过程中与多部门协调，掌握多方面的应急专业知识。而当前应急处置工作领导小组成员主要由高校教师组成，在做决策的时候具有一定的局限性。因此，高校可以邀请应急管理、新闻媒体、医疗、公安、消防、法律、心理咨询、国际问题等方面的专业人士建立来华留学生突发事件应急决策咨询机制，从更专业的角度出发为应急处置工作领导小组的决策提供支撑，减少可能出现的决策失误。例如，邀请新闻专业人士给出应对舆情的专业建议，在突发事件处置过程中邀请法律专家给出法律上的建议等。

四是简化来华留学生突发事件应急决策流程。美国应急管理学院根据管理决策流程，将危机决策分为四个步骤，即确认问题、探究解决方案、确定实施方案、执行实施方案。但是来华留学生突发事件应急决策是一种非程序化的应急决策，没有足够的时间按照上述决策步骤做出应急决策，需要决策者在短时间内对事件进行决策。因此，应急处置工作领导小组在决策时应该尽量简化决策流程，不要被常规的决策流程所束缚，应抓住关键问题与关键流程，根据突发事件的实际情况果断做出应急决策。

（2）强化应急处置沟通协调

来华留学生突发事件应急处置是一项系统工作，高校在处置来华留学生突发事件时既要做好内部沟通，又要做好外部沟通，才能实现多方面信息共享，互相配合，形成合力，处置好来华留学生突发事件。内部沟通主要是要求高校在处置来华留学生突发事件时做好校内各部门间的沟通协调；外部沟通是指高校在处置来华留学生突发事件的过程中要同上级教育主管部门、公安机关、外事部门、消防、新闻媒体、驻华使（领）馆、学生家属等就来华留学生突发事

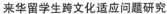

件的处置进行有效顺畅的沟通协调。因此，高校应从以下几方面强化来华留学生突发事件应急处置沟通协调。

一是明确应急处置沟通协调主体。高校在来华留学生突发事件应急处置过程中，应明确应急处置沟通协调主体，可以在应急处置工作领导小组内部指定专人进行内外部的沟通协调，或者指定来华留学生突发事件应急处置办公室作为突发事件处置中的沟通协调专门机构来负责整个突发事件处置过程中的沟通协调工作。

二是准确掌握应急沟通协调内容。在处置来华留学生突发事件的过程中，沟通协调机构应提前获取与突发事件相关的准确数据、信息，预测在沟通协调过程中可能遇到的问题，在获得授权的前提下与各方进行沟通协调，让各方及时获取突发事件相关的准确信息。

三是明确沟通协调方式。在处置来华留学生突发事件的过程中，负责沟通协调工作的机构将面对上级教育主管部门、公安机关、外事部门、消防、驻华使（领）馆、媒体、学生家长等，因此在沟通协调中应当明确同各方的沟通方式，做到让各方都能获得突发事件的真实情况，争取各方的理解与支持。例如，在突发事件发生后，高校应当在第一时间向上级教育主管部门、外事部门等先口头后书面报告；通过召开新闻发布会、访谈、电话咨询的方式和新闻媒体沟通，及时发布信息。

（3）提高应急处置规范性

高校在来华留学生突发事件处置的过程中应当严格遵守国家相关法律法规、外事纪律、学校规章制度和来华留学生突发事件应急处置预案的相关规定，明确权责，降低工作的随意性，使处置工作规范化、制度化和法制化。在日常工作中，高校可以通过增强来华留学生突发事件应急管理主体处置突发事件的规范意识，对具体突发事件处置工作人员进行培训，学习国家相关法律法规、外事纪律、来华留学生突发事件应急处置相关规定以及在处置过程中咨询专家的方式提高来华留学生突发事件应急处置的规范性，在不违反任何法律法规和规章制度的前提下处置来华留学生突发事件。例如，在同驻华使（领）馆等外交机构就来华留学生突发事件的处置沟通协调的过程中要做到有礼有节，严格遵守外事纪律。

（4）强化信息公开与舆情应对

来华留学生突发事件信息公开与舆情应对是高校来华留学生突发事件应急管理工作的重要组成部分。及时、准确地将留学生突发事件处置信息向社会公众公开，积极回应媒体的提问对能否成功处置来华留学生突发事件、维护高校形象与社会稳定具有重要意义。

一是建立来华留学生突发事件信息公开机制。高校应当根据实际工作建立来华留学生突发事件信息公开制度，由来华留学生突发事件应急处置工作领导小组指定专门人员或机构对整个来华留学生突发事件的信息进行公开。在信息公开时，应明确所要公开的信息内容，统一口径，对信息进行核实后发布，确保信息的准确性。此外，高校可以召开新闻发布会、接受媒体采访等，通过电视、报纸、网络等途径将需要公开的信息告知公众。

二是完善来华留学生突发事件舆情应对机制。在来华留学生突发事件发生后，由负责信息公开和新闻发布的机构关注国内外的新闻报道，将各类舆情汇总、分析后及时报送至来华留学生突发事件应急处置工作领导小组和有关部门。同时，通过各种渠道及时组织具有针对性的舆情引导工作，避免和减少各类舆情对来华留学生突发事件应急处置的影响。

3. 完善来华留学生突发事件应急恢复机制

当前高校来华留学生突发事件应急恢复工作中还存在需要完善的地方，如没有专门负责应急恢复的机构、心理干预和心理疏导需要加强、应急恢复问责不完善等。因此，高校应当逐渐完善来华留学生突发事件应急恢复机制。

（1）明确应急恢复机构

来华留学生突发事件应急处置结束后，高校便会将工作重点转移到突发事件应急恢复上来，这就需要明确一个应急恢复机构对整个恢复工作进行统筹管理。高校来华留学生突发事件应急处置工作领导小组可以在来华留学生突发事件应急处置工作管理办公室的基础上，灵活安排其他部门加入应急恢复机构，明确各部门职责，按照应急预案对恢复工作的规定，共同做好应急恢复工作。

（2）强化心理干预和疏导

高校应在来华留学生突发事件应急恢复中强化心理干预和疏导工作，如组建心理干预和恢复队伍，搭建心理干预和心理恢复专家咨询平台，组织日常看护小组等。此外，高校在强化心理干预和疏导工作的过程中，不仅要对当事学生进行心理干预和疏导，还要对参与突发事件应急处置的教职员工进行心理干预和疏导，使他们尽快恢复健康的状态。

（3）建立应急追责与监督机制

高校来华留学生突发事件应急处置工作领导小组应在突发事件处置结束后对突发事件的应急处置进行总结、调查和评估，建立来华留学生突发事件应急追责与监督机制，根据各部门在处置突发事件中的职责与分工，对在突发事件

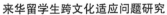

处置过程中没有尽责履职的部门启动追责机制，对相关责任人进行追责并处理，防止类似的事件再次发生。通过建立追责与监督机制，督促各部门在突发事件处置过程中尽职尽责，在应急处置工作领导小组的领导下共同处理好来华留学生突发事件。此外，高校还可以考虑将来华留学生突发事件应急处置工作纳入部门年度绩效考评。

4. 完善来华留学生突发事件应急保障机制

来华留学生突发事件的成功应对离不开高校在人力、物资、资金等方面的应急保障做支持。当前高校还需要在应急队伍、应急资金与物资、心理咨询等几方面对来华留学生突发事件应急保障制度加以完善。

（1）加强应急队伍建设

高校来华留学生突发事件应急队伍是突发事件应急处置的主要力量，在来华留学生突发事件应急处置中发挥着不可替代的作用，因此高校应当加强以下四类应急管理队伍的建设。

一是来华留学生相关管理部门的工作人员。来华留学生相关管理部门的工作人员一般包括留学生辅导员、留学生管理干部和留学生班主任等，他们在来华留学生的日常教育管理中至关重要。高校在日常工作中应配齐留学生管理队伍，对留管工作人员进行专业培训，增强其突发事件应急处理意识，提高其应对突发事件复杂局面的能力与跨文化沟通能力。

二是专业技术岗位工作人员。来华留学生突发事件应急处置专业技术岗位工作人员一般包括医务人员、保安人员、心理咨询工作人员等。高校在应对来华留学生突发事件时应当将此类人员纳入应急处置队伍中，加强其日常训练，发挥此类人员在来华留学生突发事件应急处置中的作用。

三是应急咨询相关领域的专家。为了更好地应对高校来华留学生各类突发事件，高校应当在来华留学生突发事件应急管理的过程中邀请相关领域专家组建成来华留学生突发事件应急处置咨询队伍，包括法律专家、危机管理专家、国际问题专家等，增强来华留学生突发事件应急处置的科学性。

四是应急处置机动工作人员，主要是各类志愿者。高校在来华留学生突发事件应急处置中可以组织学生志愿者或者社会志愿者作为机动工作人员参与到突发事件应急处置中，如负责看护、接待等工作。

（2）增加应急资金和物资保障

高校来华留学生突发事件应急处置工作除了需要高校在人力资源上提供保障外，还需要高校在应急资金和物资上做好保障工作，高校可以通过以下方式完善应急资金和物资保障。

一是做好应急资金年度预算工作。高校可以在学校年度预算中加入学生突发事件应急资金，按照财务规定指定资金负责部门，专款专用。

二是做好应急物资保障工作。高校可以根据来华留学生突发事件应急管理工作中需要的物资，按照相关管理规定，将所需物资提前准备好并指定专门机构进行管理。

三是做好高校来华留学生保险的投保工作。2017年教育部、外交部、公安部联合制定的《学校招收和培养国际学生管理办法》中规定："国际学生必须按照国家有关规定和学校要求投保。对未按照规定购买保险的，应限期投保，逾期不投保的，学校不予录取；对于已在学校学习的，应予退学或不予注册。"留学生购买保险，既可以满足留学生日常看病的需求，又可以让留学生在发生突发事件时获得急需的资金，减少学校在处置留学生突发事件中遇到的不必要的麻烦。

因此，高校应当按照教育部相关规定，督促留学生购买来华留学生保险，做到全员购买保险，在留学生遇到突发事件时协助学生进行保险理赔。

（八）全面加强来华留学生师资队伍建设

高校要在人力资源有限的情况下建立来华留学生教育工作者胜任力模型。师资队伍建设无疑是做好来华留学生教育教学工作的关键，如果没有一支强大的师资队伍，无论是留学生管理还是教学的效果往往都会不尽如人意。然而由于人力资源有限，多数高校始终没有建立起规范化、国际化的留学生师资队伍。在此情况下，高校可以通过建立相应的留学生教育工作者的胜任力模型来优化现有人力资源。

首先，来华留学生教育工作者必须具备优秀的外语能力——不仅要能使用外语清晰地表达自身观点，还要熟知本领域专业术语的外语用词，以达到与留学生顺畅交流的目的。其次，基于来华留学生与本国学生在文化和思维上的差异，其教育工作也具有一定的特殊性和挑战性。这要求相关人员不仅要具备基本的专业教育能力和人文关怀能力，而且要具有灵活的跨文化交流技巧和国际文化理解能力。

在胜任力模型逐步完善的基础上，高校可以通过设立专门部门、改革聘任和培训制度来强化来华留学生师资队伍的建设。首先，许多研究都建议高校在校内推行兼职制，鼓励留学生行政管理人员走向一线岗位兼任教学管理人员，这看似解决了专任教师对留学生学习问题关注不足的问题，也似乎能够加强行政管理人员与学生之间的有效交流。但在实际工作中，留学生行政管理人员往往承担着繁重的日常工作，无暇全面关注留学生的学习问题和能力发展。因此，高校需要根据实际情况来优化留学生师资队伍结构。具体而言，可以在留学生管理机构或各二级院系建立专门的留学生教育教学部门，明确每位留学生教育工作者的职责，将具体工作交予具体人员，并严格执行人员的选拔、职业培训和考核程序。只有这样才能真正将来华留学生教育工作队伍建设落到实处。其次，在师资队伍有序化的基础上，高校还可以对留学生教师实施听课和评课制度，同时建立教师激励机制，采取一定的评奖方式来保证其教学质量。

（九）加强来华留学生教育的社会化支持体系建设

地方政府以及社会机构应当发挥好对高校来华留学生教育的辅助作用，提供完善的社会化支持体系。政府保障社会化支持体系建设并做好监管工作，政社校企合作共同促进来华留学生中国情怀的提升。

1. 构建完善的社会化支持体系

（1）鼓励社会力量提供帮助

高校应在政府部门的帮助与支持下改变对来华留学生全面负责的状态，转移超出教育范围的管理和服务职能，委托社会专业机构代理来华留学生的管理服务。高校只负责来华留学生的教育教学管理、学籍管理，不负责其他方面。政府应以管理要求的形式将职责转移给社会化机构，让其为来华留学生提供专业的留学、住房、医疗、就业、法律事务等社会化服务。政府应鼓励社会力量从生活服务的角度定期组织来华留学生开展冬夏令营、社会实践、参与志愿者服务等活动；从法律援助的角度帮助来华留学生解决法律困惑，定期开展中国法律知识宣传等活动；从社会管理的角度帮助来华留学生解决在华期间出现的校外租住、就业、保险、婚姻、侵权等问题。

（2）设立半官方的社会服务机构

政府部门应设立半官方性质的来华留学生校友工作行业指导服务机构，将来华留学生校友工作纳入国家教育和外交政策指导范畴，按照教育部国际合作交流司的统一部署，开展有关工作。设立半官方性质的来华留学生校友工作行业指导服务机构，需要社会营造相对宽松的环境并保障来华留学生的各种相应服务，搭建起来华留学生公共服务帮助平台，这一平台的建设采取政府牵头、政府引导、高校投入的形式，进行专业化的管理，注重效率，落实服务政策，对相关法律条款进行完善，尽最大可能为来华留学生提供生活和学习方面的帮助。为有意在中国工作、成家的来华留学生提供后续的就业帮助和相关服务。

例如，指导来华留学生校友会在国内开展活动，引导来华留学生校友参与校友会工作，定期对来华留学生校友会提供中国法律的帮助和解答，协助国外"留学中国校友会"与国内有关机构、组织、团体的沟通联系等。

2. 强化政府的社会保障服务职能

（1）政府部门承担行政和社会责任

目前来华留学生的工作责任几乎全部压给高校，这样的做法势必会让高校的教育管理缩手缩脚，甚至助推"保姆式"管理出现。来华留学生都是成年人，是具有独立行动能力，承担社会责任的公民，高校只能是配合有关职能部门开展教育、引导工作，而不能让高校承担更多的教育管理职能以外的职责，地方政府有关部门要切实承担起有关行政职责和社会职责，形成一种政府、社会和高校联手管理的新模式。例如，帮助高校为来华留学生建立学籍管理制度，成立专业化咨询服务部门或小组，为留学生提供入学信息咨询和校内事务办理指南，其余事务则委托社会第三方进行代理，减轻学校负担。

政府还应该在完善留学生社会管理服务的基础上，对留学生的校外安全问题进行排查，对留学生的宗教活动进行监管。

（2）加强相关人员的素质建设

地方政府涉及来华留学生教育的部门要加强工作人员素质建设，明确自己的职责，使部门工作人员既熟悉来华留学生教育的有关方针政策，又熟悉高校来华留学生教育的基本规律、规则，还要熟悉本地区主要来华留学生国家的传统文化、主要习俗以及人际沟通交流方式，理解来华留学生心理不适应的情况，对初入学的来华留学生宣传普及留学生须知等相关规章制度，如开学前两周专门开展新生入学的指导工作，将学校的情况以及周边的情况向来华留学生做一个比较全面的讲解，让来华留学生在专业的指引和帮助下，更有效地利用已有资源和设施，从而建立起全面的留学生管理服务体系，用国际化问题意识和国际化思维理念来推动留学生教育事业的前行和发展，为来华留学生提供便利的服务，也为高校做好服务保障工作。

3. 加强对社会化服务机构的监管

（1）适时制定出台相关法律法规

加强各项来华留学生管理规章制度、法律法规的建设，实现依法治校、有规可依是防控高校来华留学生事务管理法律风险的重要基础。来华留学生的相关法律应由全国人大常委会牵头，联合外交部、公安部、教育部等相关部门从实际出发制定出切实可行的法律规章制度，以明确社会化服务机构的定位和发展方向，规范社会力量开展的来华留学生教育社会化服务活动，使得这些活动既能保障来华留学生的合法权益，支持帮助其尽快融入中国社会，又遵守中国各项法律法规和中国社会的公序良俗，培养来华留学生遵守中国道德和中国秩序的意识。相关法律法规主要包括以下几个方面，总则：明确来华留学生在我国教育中的定位、总体发展的方针和留学生的培养方向。管理机构：以教育部为统筹主导，公安部、外交部、人力资源和社会保障部形成共同协作的管理体系。教学管理：来华留学生招生入学、课程教育、奖学金、校籍管理、学校校内住宿、学校社团等方面。社会管理：来华留学生校外居住、宗教、打工就业、保险、婚姻、侵权等方面。出入境：来华留学生的签证、出入境、入籍等。

（2）加强对社会化服务机构的监督

政府要引导和监管社会化服务机构作为高校来华留学生教育管理的有效补充开展活动，既不能和高校正常的教育管理工作重叠交叉，又不能各行其是脱离社会化支持服务这一宗旨，要与高校教育管理工作有机衔接，保障高校专注做好教育教学，促进来华留学生教育质量的提升以及人才培养效果的发挥。政府监督部门要加强对来华留学生教育社会化服务机构的监督，从申请登记到建立再到之后的运营都要严格进行监督，加大对来华留学生教育社会化服务机构的服务内容、基础设施、护理人员、内部规章制度等方面的监督。另外，对来华留学生教育社会化服务机构的监督和管理要持续、定期进行，尤其是要对来华留学生教育社会化服务机构的硬件设施的质量、所提供服务的效果、办学辅导过程中的经费明细、专人人员分配情况等方面进行持续性的、全方位的定期审查和监督，促使留学生社会教育机构建立留学生内部信息档案，在有利于教学机构内部管理的同时，也有利于监督部门及时地了解来华留学生教育社会化服务机构的实际状况，以此来规避来华留学生社会教育机构违法现象的产生。

（十）提升高校来华留学生教育服务水平

面对来华留学生中国情怀培育的要求，高校应该进一步在提升来华留学生教育服务水平、推进中外学生趋同化管理、加强来华留学生校友管理工作等方面创设良好条件。

1.提升高校来华留学生教育办学效能

（1）构建多元化教育办学体系

在办学过程中要对高校来华留学生教育目标、办学规模效益以及留学生学科建设、后勤保障等内容进行综合考虑，构建独立办学、联合办学和委托办学模式的指标体系，利用多所高校共建的资金优势，促进提质增效。构建"独立+

联合＋委托"的来华留学生教育办学模式：对于来华留学生在校人数 500 人以上的高校采取独立办学模式；对于达不到独立办学规模的高校，在主管部门协调下，同一地区的几所高校联合办学，总体在校来华留学生不低于 800 人；对于办学规模不达标，但在行业领域办学特色突出的高校可承担委托办学任务，办学规模不低于 100 人，但也不应高于 300 人。

（2）完善"留、转、退"机制

建议政府相关部门根据来华留学生教育办学模式指标体系定期对开展留学生教育的高校进行筛选，建立"留、转、退"机制，促进高校提质增效。首先，建立省和国家评估专家库。根据来华留学生教育办学模式指标，针对地区高校拟定评估方案。要求专家队伍中，高级职称教师占比 100%，具有从事多年留学生教育教学工作经历和一年以上海外交流学习经历。其次，根据多元化办学指标对现有留学生教育教学高校进行评估，达到来华留学生规模和具有一定办学效益的高校，保留现有独立办学模式；未达到独立办学指标的高校，转型为联合办学或委托办学模式；对于达不到委托培养条件又不能参与联合办学的高校，责令退出留学生教育。

（3）建立定期考核与分类评估相结合机制

地方政府部门应该对已经形成的多元化办学模式进行定期考核，完善来华留学生教育的考核制度与评估机制，发挥其监督、激励作用，推进高校留学生教育改革。要建立定期考核制度，对高校留学生教育的教学、学生管理、后勤保障等工作，每 4 年进行一次考核，考核合格继续举办，不合格则退出。对高校进行分类评估，对于综合实力较强的独立办学的高校，在评估时主要评估高校的教育质量和留学生培养效果；对于联合办学的高校，在评估时主要考察其合作办学后办学效益的提升情况；对于委托特色办学的高校，在评估时主要考察其优势、特色学科的办学效果。

2. 提升高校来华留学生教育服务能力

（1）完善奖助学金以及就业制度

高校应建立完善的奖助学金和就业、实习服务体系，有效提高中国政府奖学金等官方奖学金的使用效率。高校在认真落实中国政府奖学金制度的同时，应积极开展与外国政府、社会相关企业的合作，尤其是对留学生有人才需求的企业，采取合作提供资金的方式设定校企联合冠名奖学金、助学金，以增加奖学金的覆盖面和资助力度，鼓励和资助优秀学生独立完成学业。高校还可以安排获得企业奖学金的留学生在寒暑假期间进入相应企业进行"顶岗实习"，在为企业提供高素质员工的同时让留学生得到进行锻炼的机会。

（2）建立留学生教育人才智库

高等院校应建立专门针对来华留学生的高层次人才智库，积极吸纳具有丰富国外生活经验、熟悉外国国情与民情且专业学术水平较高的专家学者投入来华留学生教育中，鼓励教育管理工作者在吸收借鉴国外理论、经验、方法的基础上，积极开展来华留学生教育管理理论研究和实践探索，深入探索适合中国国情的来华留学生教育管理理论和模式，并在教育管理具体实践中积极探索有中国特色或区域特色的经验与方法，从而培养出更多具有国际素养、国际意识，通晓国际规则，具备较强的国际交往能力，在合作过程中能够将多元文化融会贯通，最终能直接或者间接参与到国际事务与国际竞争中的国际化人才。优质教师的引入既能有效提升教育质量和推动师生交流，又能提高教学质量，还能有效地将中国理念、中国故事潜移默化地进行传播。

3. 推进高校中外学生趋同化管理

（1）学业管理体制与标准上的趋同化

首先，高校应该采取趋同化的教学管理模式。初步在高校小范围进行试点，在试点通过的前提下，用以点带面的方式将教学管理趋同化在全国实施。将一部分中文水平达到 4 级以上的来华留学生由独立授课制改为部分课程和中国学生一起上课，组建中外学生学习小组，使来华留学生进入学校统一的管理体系中。中外学生学习小组的综合成绩，也应与学生评选奖学金、校级荣誉等挂钩，激发中外学生学习小组的积极性，同时也增强学生的自信心，增进双方之间的友谊。

其次，高校应采取趋同化的考评机制。对于来华留学生的培养目标和专业培养要求而言，应当与所在高校的中国学生保持一致，符合与其相对应的教育层次、教学标准，合乎专业教学要求和相关规范。例如，应当同中国学生保持一致地进行论文的开题、评阅、盲审、答辩等。在经过几年汉语学习的基础上，鼓励来华留学生用中文完成自己的毕业学位论文，高校学位评定委员会应该遵照《学校招收和培养国际学生管理办法》对留学生毕业具体环节制定规范，用来明确要求留学生的相关毕业要求。高校应逐步实现中外学生在学籍学历管理、考勤制度、学生参与教学评价、学业考试考核、课程考试考核方式、毕业论文撰写等方面的一致化。

（2）教育服务管理机制上的趋同化

高校应该逐步取消过多的特殊对待。高校应取消来华留学生在用电用水方面的特权，按照中外学生平等一致原则为来华留学生的教学培养提供充足的教学设施和资源，如教室、实验室、图书馆、阅览室、教学和实验设备、计算机网络和电子资源等，确保中外学生按照平等一致的使用条件、管理制度和收费标准使用学校的文化、体育等生活设施。但是，趋同化并不意味着等同化，在对留学生同等看待的前提下，也要尊重来自不同国家留学生在语言、风俗习惯、文化背景等方面存在的差异，按照公平、合理、审慎的原则，有所侧重地帮助留学生了解中国的文化，让他们尽快融入学校和社会之中，以此来促进中外文化的交流和理解。

4.加强来华留学生校友管理工作

（1）完善留学生校友工作管理机制

将来华留学生校友工作纳入国家教育和外交政策，设立半官方性质的来华留学生校友工作行业领导团体，在教育部国际合作与交流司统领下，外交部、商务部等部门协助开展工作，负责来华留学生校友工作政策的制定和实施，加强同在校留学生和已经毕业回国的留学生之间的联系。在成熟的高校、地区成立"外国留学生校友办公室"，主要职能是负责来华留学生的培训和组织，策划来华留学生校友会活动，针对新入学的来华留学生培训在华生活必备知识，针对即将毕业的来华留学生培训就业知识，积极组织开展留学生科研交流论坛，定期组织已毕业的校友回访，发展商务关系等。在境外部分地区或知名高校成立"留学中国校友会"，校友会下设理事会、执行委员会、校友与基金发展委员会、负责校友活动的校友事务处。在海外策划丰富多样的活动，如留学中国校友联谊、杰出校友论坛、刊物邮寄、会员生日祝福等。

（2）建立来华留学生校友交流平台

高校可以建立以互联网技术为基础的来华留学生信息数据库管理系统，利用现代通信技术，使已毕业的校友有渠道与在校留学生保持联系，安排专业管理人员对留学生校友信息进行跟踪，根据校友情况变化及时进行更新。定期在校内或网站上开设学术与生涯指导课程，不仅可以跟踪已毕业留学生的流向与就业状况，还可以为需要的学生提供学术与生涯指导。丰富已毕业校友联系中国的渠道，使他们毕业后仍对母校保有较高的认同感和归属感，愿意在世界各地为中国发声。高校还可以通过定期出版纸质和电子版外国留学生校友刊物，实现留学生校友联络渠道的多样化，丰富校园文化。刊物可以包括校园新闻、校友新闻、留学生原创文章、留学生举办的活动等内容，定期通过邮件将电子版刊物直接发给所有在校生以及已毕业校友，使他们时刻保持对母校的归属感。

三、高校教师维度

教师跨文化交际能力的高低可能会影响学生跨文化交际能力的提升。教师与留学生接触较多，既是留学生跨文化交际的引导者，又是交际的参与者，因此教师对留学生跨文化交际能力的提高有着较大的影响，教师的语言交际可能会直接影响留学生的交际行为，所以教师需要具备一定的跨文化交际意识，提升自身的跨文化交际能力。

（一）学习一定的跨文化交际理论知识

首先，跨文化交际是双方交流的过程，因此教师学习一定的跨文化交际理论知识是非常必要的。例如，在对外汉语教学的过程中发现，一名埃及学生经常会给班级的老师打电话，询问老师事情，后来老师慢慢地拒绝接学生电话，埃及学生很困惑。这是由于教师缺乏对埃及价值观念的了解，造成了一定程度上的交际障碍，在埃及追求的是平等的价值观念，而在中国有着尊师重道的价值观念。因为教师未能理解埃及的交际理论知识，所以引起了此次的交际障碍，从而影响了教学。因此，如果想更好地培养留学生的跨文化交际能力，教师需要有丰富的跨文化交际理论知识作为基础，并与自身的跨文化交际能力相结合，这样才能更好地帮助留学生。

其次，留学生获得的绝大部分知识都来自对外汉语教师对于中国文化的讲解，因此对外汉语教师的跨文化交际理论知识底蕴，会间接地影响到留学生跨文化交际能力的培养。所以，教师拥有丰富的跨文化交际理论知识，将其传授给留学生，让留学生了解更多的交际理论知识，会提高留学生的跨文化交际能力。

最后，对外汉语教师面临着来自不同国家，拥有不同文化背景、不同价值观念的留学生，这对于对外汉语教师来说是一个极大的挑战，需要对外汉语教师了解并熟悉这些国家的文化背景以及文化差异，需要教师不断地补充自己的跨文化交际理论知识和文化知识，阅读大量的书籍与文献，并搜寻相关理论知识，丰富自己，加强自身对跨文化交际理论知识的学习，才能做到给留学生讲解时面面俱到，更好地培养留学生的跨文化交际能力。

（二）加强对来华留学生的媒介素养教育

1. 树立媒介素养教育观念

正确的教育理念和以此为指导的教育实践是对大学生进行媒介素养教育的重要前提之一，如果没有正确理念的引导，媒介素养教育便不能顺利开展，没有正确的教育实践,就不能达到媒介素养教育的预期效果,因而要先树立媒介素养教育观念,然后才能去探究尚不够成熟的媒介素养教育应如何进行和发展。

在快速发展的信息化时代,要让学生考虑媒介语言在媒介中具有什么力量,探讨因媒介的普及产生的正面影响和负面影响。学生通过媒介获取信息时,要让他们知道为什么必须带着批判性思维来看内容,并要解释进行媒介素养教育的根本原因。

从语言教育的观点出发来开展媒介语言教学,是提高留学生媒介素养的一种有效方式。随着对语言认知的不断深入,当代学者普遍认为继"口头语言""书面语言"之后,"媒介语言"正成为人们普遍使用的第三语言,而运用媒介语言进行解读、传播的能力则是继听、说、读、写之后的第五种基本语言能力,因此应该把"媒介语言"教学纳入语言教育。

2. 引导留学生正确判断媒介信息

有时候我们说的一些话里会有言外之意。例如,跟别人一起吃饭时,对方旁边有一壶水,正好自己把杯子里的水喝光了。这样的情况下,我们可能会跟对方说,"我把水喝光了。"这么说不仅是说明自己喝完水的情况,而且包含着希望对方帮自己倒水或者递水的意思。与这样的情况类似,媒介内容制作者也会通过媒介语言来表达言外之意。

媒介相较于传统媒体,它的传播内容更为具体、形象、丰富,因为它直接诉诸视觉和听觉,感染力强,信息量大,所以我们不能只满足于掌握媒介内容表面的意义,而要通过解读媒介语言来了解媒介内容制作者真实想表达的意思或者言外之意。如果能掌握媒介内容制作者的意图,就可以分辨出客观事实,从而不传达错的信息,不偏于任何一方,而是力求传达客观性信息。

通过媒介语言教学提高留学生的媒介素养,能促进留学生正确地理解媒介语言。例如,在现代社会中,广告语言是影响力最大的媒介语言之一,它向消费者传达一系列说服性的思维方式,可以说是促进时代文化意识变化的工具。

广告语言向广告接受者宣传企业精神和产品的销售与服务,广告包括通过多种媒体手段传达的信息,因此作为说服功能和沟通功能的研究对象值得研究。对广告中所使用的媒介语言,如文字、图片和视频中的信息进行分析和评估,也是引导留学生判断媒介信息的一个可行途径。

3. 引导留学生形成良好的媒介阅读习惯

留学生大部分是青少年,他们的价值观念虽然已经形成,但是仍然会受到媒介信息的影响而发生一些变化。媒介对用户的"协同过滤"没有任何保护措施，无关年龄大小。即便年龄大，也不见得就能正确地调整这种盲目、偏向性的信息，更何况这些处于成长中的年轻人。只有对媒介的特性进行学习并且了解其功能，才能在庞杂的海量信息中带有批判性地思考，从而辨别出客观事实。因此，教师要引导留学生通过分析媒介语言来学习如何选择更有益的内容。

教师还需要提醒学生负面的"媒体内容"，要教学生更快更容易地找到需要的"媒体内容"的方法，并多推荐有益的"媒体内容"。

此外，部分留学生自控力比较差，在手机上浏览的时间过长，有些人的阅读兴趣还有偏差，这都需要引起留学生教育者的关注，引导留学生形成正确的阅读习惯，提高认知能力。

4.语言教育与媒介素养教育相结合

现代社会中，青少年是最活跃的媒介素养教育受众群体。这是因为他们与其他年龄段的人群不同，他们从小就在数码环境中成长，所以更需要具备分辨内容好坏的能力，同时和别的年龄段人群比起来，他们也更能通过媒介素养教育来纠正使用媒介的不良习惯。

从韩国小学采用的媒介素养教育方式来看，有些学校已经把媒介素养教育融入了语文、社会、科学，甚至美术等与电脑毫无关系的学科里。因为大部分学科已经在使用多媒体和媒介手段上课，所以与任何学科结合都很方便。这也证明在留学生的汉语课程中，同样存在与媒介素养教育结合的可能性。

在哈尔滨师范大学开设的选修课程中，有一门课叫作 CCTV 课。这门课的授课对象主要是汉语达到高级水平的留学生，课堂上学生观看 CCTV 频道的新闻，看完后各自回忆并总结自己听到的内容，然后针对新闻的主题自由讨论自己的想法。讨论结束后，再看一次新闻，这次学生根据教师分发的 CCTV 新闻的语言资料填空。

在这样的视听说综合课堂上，留学生既学习了语言知识，又了解了中国的政治、经济、文化、风俗习惯和社会生活等。从教学效果来看，如果教师想培养留学生媒介素养的意识，完全可以通过语言教学对媒介素养教育进行渗透，在语言教学中培养留学生对媒介信息进行过滤，正确地解读以及传播的能力。

尽管在中国目前还没有学校对留学生开设专门的媒介素养课，但是随着媒介手段日新月异的发展，学生使用网络、手机的时间越来越长，获取信息和传播信息的手段和方式越来越自由，有条件的学校可以考虑开设专门的媒介素养课，课程当以媒介素养教育为主，兼顾语言教学，在教学内容的选择，教学方法的创新以及思维能力、价值判断的培养等方面也可以做一些有益的尝试。此外，也要加强汉语教师的媒介素养观念，教师在教学中结合所教授内容、日常生活、新闻热点潜移默化地对留学生进行媒介素养方面的教育，可以使留学生形成良好的媒介素养。

（三）做好来华留学生心理疏导工作

对于中国学生来讲，学校会按比例配备辅导员，来对学生的学业、生活、思想以及心理进行有针对性的指导和帮助，同时学校也会有专业的心理健康教师对心理有障碍的学生进行帮扶。然而目前高校在留学生心理辅导方面由于起步较晚，相应的配套措施还不够齐全。学生发生心理问题后一是发现的不够及时，二是疏导的不够及时。外事无小事，所以对于高校来讲，要定期对留学生进行心理辅导，要多关心留学生的心理动态，对于有异常情况的留学生，争取早发现，早疏导。来自尼泊尔的一名女学生谈到自己过去的一段经历，说刚来中国时，什么都不适应，上课下课都是一个人独来独往，有次在下课的路上被办公室老师看到自己闷闷不乐后，就经常找自己聊天，开导自己，自己就慢慢敞开心扉，学着去和他们交朋友，逐渐走出了这种一个人郁闷的状态。

（四）完善来华留学生教学模式并提高留学生跨文化交际能力

除了语言适应障碍会影响到来华留学生的跨文化适应之外，学校教师的教学方式、教学水平以及课堂氛围都会对留学生的学术适应产生影响。能够大规模接收留学生的学校都是在教育理念和教学资源上比较先进的学校。所以，学校更要有改变和创新的魄力，提倡教师改变传统的授课模式，鼓励学生成为课堂的中心，为留学生提供充分的表达机会。调查发现，W高校的留学生所选专业以理学、工学、经管为主，而留学生选择到中国学习此类专业正是因为他们拥有独到的眼光，看到了中国经济未来的发展和广阔的市场。

我们了解了来华留学生的一些诉求，如课程多设置一些实践环节，鼓励留学生多思考、多动手、多实践。目前有些高校已经开始定向和一些企业、公司合作，为留学生建立实习基地。这样做的好处是，一方面让留学生懂得了学以致用的重要性，提高了他们的学术适应能力；另一方面促进了学校对于新时代人才培养模式的探索。

1. 构建独具特色的来华留学生课程体系

课程建设是留学生教育的重要环节，高校要不断充实来华留学生教育课程的内涵。一是要坚守理论课的主阵地，系统地开展理论教育。具体而言就是要合理选择与留学生实际情况相适应的教育内容，发挥留学生课堂的主渠道作用，引导来华留学生在课堂中增长专业知识和提高学习能力、树立正确的科学观和价值观。二是要将中国传统文化融入留学生的教育体系中。在国际竞争日益激烈的社会背景下，留学生也需要具备求实创新、艰苦奋斗的品质，而博大精深的中华传统文化在人格教育和思想教育上独具优势。高校可以将中华优秀传统文化与留学生的课程相结合，使留学生在文化的熏陶下养成积极向上的学习和生活态度。具体而言，不同地区的高校可以依托自身优势并根据留学生的实际情况将教育内容进行局部调整，开发一些独具特色的留学生教育课程；也可以开发一些体验式课程项目，让学生在调查、参观和实践中实现自身的成长和思想的升华。

除加强留学生课程的内涵建设外，高校还应有层次地增强留学生课程的挑战性。不同来华留学生的教育背景差异较大，若要依据中国本土学生的教学大纲来统一设置课程标准，其教学效果属实无法保障。若高校能够遵循"因人而异"的原则来逐步增加教学难度，此类问题便可得到一定的缓解。具体而言，可以在留学生入学时或学期伊始对其知识水平进行诊断性评估，根据评估结果将留学生酌情分流，随后为不同水平的留学生设置不同难度的教学内容和评价标准。总之，只有在理解留学生的基础上强调教育质量的重要性，才能更好地培养出知华友华的优秀国际人才。

2. 丰富来华留学生教学模式

来华留学生教育的实施固然有赖于合理的课程设置，但更需要通过多元的教学模式来落实。留学生教学工作不应仅局限于正式课堂情境中，应将留学生的学习扩充到更加广阔的领域。

一方面，要开发更多网络教育资源供留学生补充学习。受制于中文水平较低、网络访问受限等，留学生往往不能在课下顺利地利用现有的网络教学资源进行学习，有不少人在错过了课堂内容的同时也失去了"亡羊补牢"的机会。为此，高校应健全国际教育网络学习平台或网络学习交流平台，通过开展英文课程录播和开设国际学生论坛等项目来拓宽留学生的学习渠道。

另一方面，要根据实际情况建立理论与实践相结合的多元化教学模式。由于留学生具有海外旅居者的身份，其在中国境内进行实习的机会有限，因此，在调查中出现留学生实践能力发展水平较低的结果也不足为奇。为解决这一难题，高校可以建立相应的留学生实践基地，在保证社会秩序的基础上对其进行实践训练，帮助留学生更好地将所学知识运用到实际中去。

除基本的知识传授外，高校也应在教学环节中增加对留学生的人文关怀。

教育部印发的《来华留学生高等教育质量规范（试行）》中指出，来华留学生的人才培养目标之一是培养其跨文化能力和全球胜任力。显然，这种目标不能完全通过传统的课堂教学实现，而是需要依据不同的学习情境并借助师生和同伴之间的互动来实现。因此，高校可以开展丰富的留学生学习活动，通过校内活动、校际活动和社会学校活动建设来扩展留学生的人文教育渠道。例如，可以根据地方特色举办相应的文化体验活动，也可以为中国家庭和来华留学生搭建交流平台，这样不仅可以丰富留学生的学习体验，而且可以提升其跨文化交流能力，促进中外文化交融，建立长久深厚的国际友谊。

3. 在活动中培养留学生的跨文化交际能力

（1）在高年级开设专门的跨文化交际课程

对五所高校的留学生课程安排进行分析发现，现在哈尔滨师范大学、哈尔滨工业大学、东北林业大学、哈尔滨理工大学均有一定的跨文化交际课程，而黑河学院并未开设跨文化交际课程，并且大学内的跨文化交际技能培养训练课程较少，多为侧重语言训练的课程。跨文化交际实践的课程相对缺乏，不利于留学生跨文化交际能力的培养，因此，学校应多开设一些培养高年级留学生跨文化交际能力的实践类课程，形成对留学生跨文化交际能力的系统培养，采用全新的跨文化训练模式可以更好地培养留学生的跨文化交际能力。

此外，也可以开设跨文化交际能力知识与跨文化交际能力实践课程。要继续发挥之前语言类课程的讲解优势，对交际知识文化进行更为深入的讲解，对不同汉语水平的学生进行不同的课程安排。课程可以包括跨文化交际文化课与跨文化交际实践课。对跨文化交际知识进行系统的讲解与梳理，将对语言的理解和知识的文化意义作为主导，主要针对有一定汉语水平的来华留学生进行授课，并在课上通过小组讨论、模拟演练来提高留学生的实践能力。通过两种课程的相互协调，从学习文化知识与交际知识到体验文化、实际操练层层递进，从语义体验、文化体验到情景体验形成对留学生跨文化交际能力的系统培养。

（2）举办跨文化交际活动

举办中外学生交流活动，通过与他国学生交流，可以了解到很多交际目的国的文化知识、交际知识、思维观念的差异等内容，让交际双方可以相互包容，适应彼此的交际文化，从而更加有效地提升跨文化交际能力。

举办活动的方式有很多，这些活动都可以促进留学生的知识水平、交际意识以及跨文化交际能力的提高。所以，多为留学生举办这样的实践性活动，可以更好地培养留学生的跨文化交际能力，减少交际障碍。

在举办的众多活动中，应多举办中外文化知识大赛，以班级为单位，教师是引导者，学生是主要参赛人员。中外文化知识大赛是一项趣味性和学习性十足的活动，对丰富留学生的文化知识、提升留学生的交际能力都能提供帮助。从教师角度来看，是教师对出题内容、文化知识内容、时间等多方面的把控，是在一定的时间内，教师对学生掌握了多少文化知识的检验。同时，也能帮助教师总结出一定的培养策略，方便日后更好地提升留学生的跨文化交际能力。

4. 在教学中潜移默化地培养留学生的跨文化交际意识

首先，跨文化交际意识是由文化意识转变而来的，如果留学生缺乏跨文化交际意识，那么在交际时，就会产生跨文化交际障碍。各国之间存在文化差异，国内教学与国外教学的侧重点有着明显的不同。例如，西方国家比较注重个人主义，教师注重学生的个性化发展，强调个人的修为；而中国注重他人的感受和集体的利益，这是集体主义的体现。要想改变课堂上交际意识的差异，就需要教师在教学中不断地渗透培养。加强在教学中渗透跨文化交际意识，有助于提升留学生的认识，也有助于教师更好地掌控课堂。

其次，教师是对外汉语教学中的领导核心，教师跨文化交际意识的强弱间接影响着留学生跨文化交际能力水平的高低。因此，教师在教学过程中，要注重加强对留学生跨文化交际意识的培养，这要求对外汉语教师自身拥有一定的跨文化交际意识，并通过教材以及文本内容的知识点来渗透跨文化交际意识的思想，把这种跨文化交际意识当成一种教学手段、一种传播途径去培养留学生的跨文化交际能力。对外汉语教师现在不但承担着传播文化知识的责任，还需要时刻帮助留学生培养跨文化交际意识，提高留学生的跨文化交际能力。

四、留学生维度

（一）提高自身的汉语水平

汉语水平是制约来华留学生跨文化适应的首要因素。大部分来华留学生希望能提高汉语水平和学习中国文化，但是学习汉语不是简单的事情。调查显示，语言的不适应虽然不是特别严重但是贯穿留学生跨文化适应的整个过程，对他们的影响较大。语言上的障碍的影响是广泛的，学习、生活、交际无处不需要语言的支持。语言是沟通与学习的工具，熟练地使用汉语能帮助来华留学生了解当地文化，熟悉当地文化价值观念，顺利融入当地的生活环境中。所以，来华留学生想要实现自己的目标，了解中国文化，必须从自身做起，学会调整自己的学习方式，有意识地去提高自己的汉语水平。

（二）加强自身对中国文化的学习

留学生来华之前对中国并没有很深的了解，而且对中国文化的了解大多是通过网络、电影等大众传媒途径实现的，这些信息难免会引发误解，内容的真实性不足，这可能导致来华留学生对中国的认识出现偏差。因此，留学生应该通过各种渠道，加强对中国现实情况的了解。此外，留学生还要加强对中国文化的学习。中国文化博大精深，种类众多，留学生可根据自己感兴趣的部分有针对性地进行学习，一方面能增加对中国的认识，另一方面能激发他们学习的热情。只有了解差异，才能克服差异带来的种种影响，提前预设自己可能会遇到的文化冲突，并采取适当的方式解决。

（三）增强自身的跨文化交际意识

跨文化交际能力包括认知、情感和技能三大要素，其中认知能力可以通过学习来培养，情感态度可以通过交际来培养，行为能力是认知能力和情感能力的外在表现。认识自我，也可以说成是了解自身情况，了解自己的国家、文化、风俗习惯、情感态度、个人性格、交际风格等。一般情况下人们更加倾向于认同自己民族的人生观、世界观和价值观，并以此为尺度去衡量他人的行为，因此了解自身文化的优缺点，可以帮助人们克服民族中心主义，提高跨文化交际能力。

情感态度往往是对交际双方的交际质量起决定性作用的因素，如果一个人交际时带有负面情绪，一定会给对方带来一定的影响，这会让人们在交际时不能进行有效的沟通，甚至会产生交际误解或交际障碍。如果交际者在交际之前就可以意识到这一点，那么就会在一定程度上克服交际障碍，从而减少交际的负面影响，提高跨文化交际能力。

留学生具有不同的文化背景，每个人身上都有自己国家深厚的历史文化积淀，其生活习惯和行为方式已经养成，短时间内想要去改变一个人长久以来的生活习惯显然是不现实的，也是不可取的，所以，应尽可能地了解自己国家与其他国家风俗习惯的差异，了解它们的区别所在，这样才可以更好地避免跨文化交际中的冲突，才能更好地进行跨文化交际。

因此，对于来到中国学习的留学生而言，首先要了解中国的文化知识、行为规范和交际策略，遇到不能理解的事情时，要给自己良好的心理暗示，提醒自己这是在不同的国家，有着不同的文化习俗，而且这一国家的文化习惯、社会规范不会因为个别人的不适应而发生改变，留学生应该提高自身跨文化交际的敏感性，进行心理调适，尽量让自己适应目的语国家的文化特点。

不同国家的留学生之间同样要保持跨文化交际的敏感性和交际热情，既要考虑对方所在国家或者民族的集体特征，又要考虑个体因素，摒弃刻板印象，根据双方的文化背景、性格特征与交际风格来选定交际内容。在日常交流和学习中，要时刻关注自己国家的文化与交际对象之间的文化差异，在两者之间找到平衡点，做到求同存异，和平共处，减少人际冲突。同时，无论来华时间长短，留学生都要克服自身的心理障碍，保持交际的积极性和主动性，提升自身的跨文化交际能力，这样才能更好地适应留学生活。

（四）加强微信朋友圈的自我呈现

1. 来华留学生微信朋友圈自我呈现的表演策略

在以微信朋友圈为媒介的网络人际互动中，我们发现，来华留学生会根据呈现文本内容的不同使用灵活多样的自我呈现策略，但不会使用较为极端的表演策略。具体而言，他们发布不同动态时，会灵活使用"认同协商""预设观众""自我暴露"和"寻求满足"这四种表演策略。

（1）"认同协商"策略

美国学者丁图米曾提出"认同协商"理论，认为"认同"是跨文化传播过程中人们自我形象的解释机制，即在某种特殊的互动状况下，某一文化中的个体所构建、经历、传播的自我形象。来华留学生在微信朋友圈中分享音乐与游戏时，使用了"认同协商"策略。他们希望通过分享这些个人感兴趣的音乐、游戏，在与其他群体交互式传播的过程中获得肯定的评价。这种互动与交流也会让来华留学生了解哪些个人的兴趣爱好与大众爱好相符合，他们会根据"观众"的兴趣爱好及时进行自我修正，以保证呈现的信息能够被主流群体所接受，得到更多人的关注与认同。

音乐分享主要通过 QQ 音乐、网易云音乐等第三方音乐播放软件转发分享到微信朋友圈中，再添加一定的文字内容或表情符号以传递观点、抒发情感。

此次搜集到的 33 条来华留学生音乐分享文本中，分享中国音乐的文本有12 条，超过音乐分享文本总量的三分之一，且分享中国音乐较其他类型的音乐分享获得了更多的点赞或回复。来华留学生分享音乐体现了其运用"认同协商"策略呈现自我。

通过"观众"对音乐分享文本的点赞与回复情况，来华留学生获知了主流群体感兴趣的音乐类型即中国音乐，部分来华留学生选择分享中国音乐，以追随主流，获得关注与认同，这不仅拉近了不同群体之间的距离，还给自身的留学生活创造了更舒适的网络人际交流环境。

此外，部分来华留学生会将他们玩中国本土游戏的情况与心得感受分享在微信朋友圈中，主要涉及的本土游戏有恋与制作人、王者荣耀与和平精英。

某来华留学生在朋友圈发布了关于游戏和平精英的截图，这体现了来华留学生在运用"认同协商"策略以达到自我呈现目的。该来华留学生通过分享中国本土游戏表明自己的兴趣取向，而该条朋友圈的文字表述"吃鸡"是中国游戏玩家对游戏胜利的特有表述，是在中国语境下形成的。这说明来华留学生在与东道国成员交互式传播的过程中了解了大众关于该游戏的主流看法，并能够及时修正个体与大众相悖的观点，以保证呈现的信息能够被主流群体所认同。对于来华留学生来说，这是一种自主融入"他者"文化的行为，而对于部分中国群体来说，也会产生一种"我文化"受到认可与赞扬的满足感。

（2）"预设观众"策略

来华留学生在微信朋友圈中分享"时事趣闻"时，主要使用了"预设观众"策略。

"时事趣闻"文本分享是指发布在微信朋友圈中的有关近期国内外大事和日常生活中的趣事见闻的动态，这类文本主要通过转发链接的方式呈现。以下为部分"时事趣闻"文本。

AL21 链接：10 Chinese "Ghost Words" you must know!

文字：很有意思！

HS4 链接：中国新闻——全球智库看中国 巴基斯坦专家泽米尔：上合组织将促巴经贸人文发展

文字：中巴友谊万岁（Salute salute）。

从"时事趣闻"文本内容上看，来华留学生主要分享与中国或留学生来源国相关的时事和趣事。从朋友圈发布形式上看，主要为"链接分享＋文字描述"。这说明本次观察的大部分来华留学生倾向于对信息进行阐释，自我表达欲望较强。此时，个体成为"把关人"，提前预设自己的"观众"，将链接信息筛选、甄别后加以转发呈现，同时添加自己的观点与感悟。因此，这类文本分享实质上是个体二次加工的产物，呈现给"看客"的也是个体精心挑选的，能够展现其自我特质。

在 41 条以"链接＋文字"形式呈现的"时事趣闻"文本中，其链接与文字描述所使用的语言及其文本量如表 6-1 所示。

表 6-1 "链接+文字""时事趣闻"文本的语言使用情况

链接内容	中文	中文	中文	英文	英文	本国语
文字描述	中文	英文	本国语	中文	英文	本国语
文本量（条）	18	8	2	5	7	1

从表 6-1 可看出，带有文字描述的"时事趣闻"类文本中，"中文+中文"的语言表达方式最多。我们认为其原因主要是中文能够为来华留学生微信朋友圈中的主流群体接受，进而使文本内容有效传播。这说明来华留学生在发布该类型的朋友圈时，对"观众"有提前的预设，他们知道什么群体会关注自己的朋友圈，他们会精心选择语言文字，进而呈现自我。

（3）"自我暴露"策略

来华留学生在分享本人照片时运用了"自我暴露"策略。他们暴露在网络场域的是自身外貌特征与优势，他们希望自己的某些外貌优势被人发现、受人赞扬，同时也希望得到积极正面的反馈。

来华留学生"本人照片分享"比较直观，接收图像信息就能迅速建立对该来华留学生外表的认知。

表 6-2 部分来华留学生微信朋友圈自拍照分析

编号	拍摄时间/地点	景别	照片内容	物件	文字描述	互动情况
P1	未知/宿舍	中景	摆动作	帽子、墨镜	表情：酷	无
P2	2019.04/饭馆	中景	摆动作	无明显物件	April 27，2019	3 赞
P3	未知/教学楼	全景	摆动作	正装	无	5 赞 5 回复
P4	未知/未知	近景	摆动作	短发	孤孤单单(表情:苦笑）	6 赞 3 回复
P5	未知/未知	近景	摆动作	无明显物件	表情：微笑	无

从表 6-2 可以看出，五位来华留学生均有明显的造型动作，做出一些面部表情以表现沉思、耍酷或孤独等状态，这些照片具有去生活化特性。照片中的物件主要为表现人物性格、状态服务，如使用帽子与墨镜表现"酷"，通过西服、套装表现自身的严肃。

关于照片景别，大部分为中近景，重在凸显人物表情以及人物与空间场景的造型关系。关于互动情况，5 条朋友圈文本中，有 3 条获得了点赞或回复，且回复内容大多为"好看""好美"或"帅"等对人物外表与造型的赞美。从"观众"的反馈能看出来华留学生的"自我暴露"取得了较好的呈现效果，通过"自我暴露"，来华留学生塑造了有利于促进个体人际交流传播的正面形象。

（4）"寻求满足"策略

来华留学生在微信朋友圈中分享广告时，使用了"寻求满足"策略。"使用与满足"理论认为受众有着某些需求或欲望，这些需求与欲望通过媒介或非媒介得到满足。"寻求满足"既是来华留学生的媒介使用动机，也是其在进行广告分享时使用的表演策略。通过宣传广告，他们呈现的不是人格特质或思想层面的价值观，而是物质上或精神上的需求，是他们的在异国他乡迫切需要的安全感和物质满足。来华留学生希望让"观众"意识到且在一定程度上满足他们的需求。来华留学生在微信朋友圈中发布广告主要有以下两种情况。

①闲置物品转卖。来华留学生在中国需要一些生活、学习必需品，而当他们即将回国或有其他替代品时，会在微信朋友圈转卖这些闲置物品。

在广告图片选择方面，来华留学生会精心选择能展示闲置物品细节的图片，有的会使用 PS 编辑。在文字描述方面，大多来华留学生会选择英语或中文，以保证文字信息能为"目标观众"所接收。

但观察发现，闲置物品转卖文本量非常少，且互动情况也不理想，点赞与回复较少。通过访谈得知，部分来华留学生认为微信朋友圈不能满足他们转卖物品的需求，他们选择在闲鱼 App 上发布转卖物品信息，能获得更高的闲置物品处理效率。

②个人商业宣传。处于"一带一路"发展大潮之下，一些来华留学生积极谋求自身发展，将本国特色商品销往中国，微信能够为他们提供商业宣传的媒介支持。本次观察的来华留学生中，有一位来自尼泊尔，有两年在华经历，他将尼泊尔的佛像销往中国。我们观察到他的朋友圈，其头像、微信相册封面以及发文内容，都与他的商品——佛像有关。经了解，该留学生为国际经济贸易专业在读研究生，将佛像生意作为课外兼职。

通过在微信朋友圈中分享广告，来华留学生让"观众"获知了他们的精神需求或者物质需求，而与"观众"的实时互动能让他们的某些需求得到满足。

2. 来华留学生微信朋友圈自我呈现路径

著名传播学家威尔伯·施拉姆把传播看作一种符号活动，认为传播是一个动态多变的编码与译码的过程，其实质就是将意义或信息转化成渠道可以传递的符号。基于此，他提出了施拉姆传播模式，该传播模式认为编码并非完全个人的活动。一方面，它受编码者个人的世界观、价值观、文化范围和经验等的制约，另一方面，也受编码者所在的社会、文化环境的制约，同时该模式强调的是"共同经验"，即编码者和译码者对符号的意义有共同的理解。

基于威尔伯·施拉姆的传播模式及其相关论述，来华留学生在微信朋友圈中的自我呈现遵循一定的传播规律，即编码与译码的过程，同时又受认知、情感与行为的共同影响，在跨文化语境下呈现出特有的行为模式。通过持续的网络田野观察与文本分析，结合施拉姆传播模式及自我呈现相关理论，尝试提出来华留学生的微信朋友圈自我呈现路径。

来华留学生微信朋友圈自我呈现的初始节点是建立对东道国的符号认知与价值观认知，这种认知是动态发展的，贯穿于其自我呈现过程的始终，通过符号形式书写、发布。来华留学生会尝试在微信朋友圈中将个体情感与个体行为进行表达。情感层面可分为正面情感与负面情感，个体行为表达主要是对校园学习、活动、社交、旅游等的呈现。

需要说明，情感与行为并不是割裂的，即情感可以影响行为，不同行为又会随着情感的变化呈现不同的特点。来华留学生在跨国流动中的个体认知、情感、行为通常融为一体，协同发力，共同作用于他们自我呈现的过程，最终产生传播意义——构建了"正面型"自我、形成了"互依型"自我。我们将具体分析来华留学生在认知、情感、行为与意义层面的微信朋友圈自我呈现路径。

（1）认知路径

认知是指人们赖以获取知识和解决问题的操作和能力，有时也是各种形式的知识的总称，是人对客观事件及其关系进行信息处理从而认识世界的过程。来华留学生要在网络场域呈现异文化背景下的"现实我"，做到"讲好自己的故事"，首先要对相对陌生的场景形成认知，这种认知分为两个层次。

①符号认知。符号是指能够用来在某些方面代表其他东西的任何物象。来华留学生在中国"旅居"，需要迅速建立对中国符号体系的认知，这也是他们在微信朋友圈中呈现自我的基础。符号既包括语言符号——中文，也包括非语言符号——图片。相较于各不相同的生活经历与完全陌生的异国文化，作为符号的中文与图片更能够成为来华留学生与其他群体的"共通意义空间"。"共通意义空间"是"传播者（信源）和传播对象（信宿）之间所具有的共同语言、共同经历的问题，即双方对传播所应用的各种符号有大致相同的理解"。使用大量的共知符号（语言、图片）交换信息，就能不断产生并扩大"共通意义空间"。

来华留学生对东道国符号的认知体现在其朋友圈自我呈现过程中，即表现为倾向于用"汉语+图片"的方式发布动态，根据文本统计结果，632条动态中，用汉语发布的文本有406条，带有图片的文本有399条。

②价值观认知。网络观察发现，来华留学生在对东道国语言符号有了基础认知后，会尝试用中文表达观点和看法，这种表达随着对东道国的了解不断深入，进而形成新的价值观。这体现在来华留学生的微信朋友圈自我呈现中表现为他们会在朋友圈中发表对事物、人物的看法，以寻求认同、产生共鸣，呈现出更有深度的"网络我"。这类文本的句子长度较长，语法、句法、用词都非常精准，且句子优美，能够引人深思。以下为部分文本。

YY63　歌曲分享：半情歌（元若蓝）

文字：心理学家说分手后跟前任当朋友会容易发疯的，所以千万不要当朋友。——2 赞

DA11　文字：The evolution of love and marriage in China：Marry first，then fall in love.

QS20　图片：9 张房屋装修图

文字：无论如何坚持和忍耐都会带来好结果的。——1 赞

YJ17　图片：一位女生在沙漠唱歌的照片

文字：有时间，每天坐 16 个小时，只是坐着，坐着，摇着一根手指，伸展双臂也是一种锻炼方式。想大声唱歌，跑，打球……什么都行。

分析文本发现，来华留学生在微信朋友圈中表达已形成的价值观时，会有意识地运用"共通的语言"——中文或英文进行编码与译码。因为中文或英文作为共知符号，能够被大部分观众解码，进而达到表达看法、呈现自我的目的。但也有来华留学生用本国语言（非英语）发表"认知看法"文本。

来华留学生用本国语言表述在东道国的观点看法，是价值观认知螺旋上升的表现之一。本国语言是一种已形成的表意系统，但更应注意到隐藏在语言背后的隐性文化思维定式，这种思维定式使语言形成了固有的习惯用语或俚语。当来华留学生认为某种价值观认知难以用精确、优美的汉语进行表述或者难以将母语中的用语准确翻译成对应的汉语时，其就会选择直接用母语进行书写。用本国思维定式表述在东道国形成的价值认知是不同的认知整合、重构，并形成新的认知的过程。

（2）情感路径

来华留学生在跨文化语境下形成新的符号认识与价值观认知的过程中，也会通过微信朋友圈表达情感，发布"情感表达"类型的文本动态。

梳理文本发现，来华留学生在微信朋友圈中记录了"正面情感"，如开心、激动、兴奋、祝福、想念，"负面情感"，如失落、孤独、伤心、难过，如表 6-3所示。

表 6-3 部分"正面情感表达"与"负面情感表达"文本

文本编号	图片/链接内容	文字描述	互动情况
XS52	视频：自己的视频	特别激动（捂嘴笑 ×2）	10 赞
YY73	歌曲分享：情非得已	开心~	3 赞
YY59	图片 4 张：校园建筑照	身体和心理都累	无
YY6	图片 1 张：蛋糕	心情不怎么样的一天	无
QS11	图片 1 张：拥挤的地铁	广州早上的地铁站真的太恐怖了。虽然体验过不少但是还是习惯不了（害怕）	2 赞

①情感表达特征。从表 6-3 可以看出，来华留学生在微信朋友圈中表达情感最明显的特征是直抒胸臆，文字表述上非常活泼鲜明，这说明来华留学生在主动了解汉语词汇的时代特征并将其恰当运用到具体的微信朋友圈自我表述中，而这也是其融入中国文化语境的积极尝试。应注意到，来华留学生能够合理运用"太""有点儿""特别"……"透了"等带有量度色彩的副词来表达自己的情感，如"我特别兴奋""今天糟糕透了"，说明来华留学生在进行汉语书面表达时，十分注重汉语语法结构的正确呈现。

②情感表达心理路径。奥伯格在 1960 年提出了跨文化适应的"U 型模式"，其基本观点是，当一个人在其他文化中旅居时，必然会经历一段困难期和起伏期才能获得舒适感和平常感，跨文化适应因此大致分为四个基本阶段：蜜月期、危机期、恢复期和适应期。

有研究指出，来华留学生在经历了最初的对中国文化的好奇与乐观，即蜜月期后，随着与中国文化接触程度的加深，个体对文化差异的体验愈加深刻，会对异文化产生某种程度的敌意以及情感上的定式态度，这就是奥伯格提出的"危机期"。

留学不同于其他旅居行为，其时限较短，此次观察的 32 位来华留学生的来华时间都在五年以内，大多为一至两年，有的人甚至不到一年。"危机期"对他们来说是曾经经历或者正在经历的阶段，他们对于中国的环境、气候、交通、学习的方式方法都可能有诸多不适应之处。通过访谈得知，有些来华留学生在来中国两年的时间内，有较多负面情绪的出现。

B：刚来（中国）的时候，我很不适应，也不喜欢吃的（笑）。太辣了，真的很辣。

C：我是研究生的时候来（中国）的，天气还好，我们家也是这种（天气），但是吃得太淡了，不喜欢的。人也很多，太挤了哈哈。

分析文本发现，部分来华留学生会把对旅居环境不适应的问题及情绪通过文字、图片等方式发布在微信朋友圈中。某来华一年的留学生发布在其微信朋友圈中的"负面情感表达"文本，文字表述方面用到"真的""太""恐怖""习惯不了""虽然……但是"等词语、句式以表达对中国地铁早高峰的不适应。

来华留学生在朋友圈中记录、表达自己消极的情绪，一方面通过这种方式寻求发泄渠道，另一方面也通过自我揭露呈现出真实的自我。从某种意义上来说，来华留学生是将自身置于"异文化"中，让更多"他者"了解其所思所感，从而消解"危机期"带来的诸多消极情绪。

来华留学生在经历"危机期"后会尝试向"恢复期"与"适应期"过渡。正如奥伯格所言：在恢复期阶段，一些早期的文化适应问题得以解决，语言知识不断增加，在新环境中生存的能力也得到提高。在逐渐适应新环境后，原有的焦虑大大减少，开始在新环境中塑造和发展新的自我。访谈发现，来华留学生在经过一段时间的适应后，能够对中国的环境、文化、学习、生活有客观或积极的评价。

问：过了两年了，现在觉得中国菜怎么样呢？

B：现在很好啊，我喜欢吃火锅，还有饺子。

这种客观或积极的态度体现在来华留学生的自我呈现中，表现为他们会在朋友圈发布"正面情感表达"类型的文本。而这些积极正面的朋友圈文本内容，相较于负面情绪的发泄，也得到了更多朋友圈好友的"点赞"与"回复"。

值得注意的是，很多来华留学生会在中国传统节日如春节、元旦来临之际，通过微信朋友圈发布节日祝福的文本动态。

来华留学生于中国新年之际在微信朋友圈中发布"新年快乐"，是其在东道国文化背景下形成的认知，说明其在跨国流动中形成的认知作用于情感表达层面。跨文化心理学有关研究指出人的心理结构不可能独立于文化的背景，来华留学生的情感变化作为心理变化的一种，根植于东道国文化土壤中，随着对东道国认知的深入、跨文化适应情况的变化而发生改变。

来华留学生在微信朋友圈中表达情感，不仅是抒发所思所感，更是将真实的自我呈现于网络场域。这种自我披露，贯穿他们跨文化适应过程的始终。有初来中国之时对新环境的期待，也有落差失望；有努力适应的自我鼓励，也有对自己的认知；有逐渐融入异国的喜悦，也有偶尔涌上心头的思乡心情。在此过程中，他们的自我特征也更加有血有肉，不再只是"来华留学生"这个单薄形象。

（3）行为路径

来华留学生在表达情感的同时，也会在行为层面将对现实世界的感知、参与、体验通过文字、图片等方式呈现，这就是美国社会学家戈夫曼所描述的"日常生活中的自我呈现"。通过对日常行为的呈现，"观众"可以置身于场景之中，获知来华留学生在特定现实场景中的行为活动以及这种行为背后呈现的个体自我形象。

结合网络观察与文本分析，来华留学生在网络场域呈现的现实行为主要有校园学习活动、社会交往及旅游。他们呈现的这几种现实行为展现了其积极参与校园活动，适应校园学习、生活，积极了解东道国的人文环境、自然风景，积极融入不同群体，善于交际等正面的自我形象。

①校园学习与活动。来华留学生的首要任务是完成学业，因此，他们大部分的个体行为都围绕校园中的学习、活动展开。表6-4为部分"校园学习与活动"文本内容。

表6-4　部分"校园学习与活动"文本

文本主题		照片／视频	文字描述	互动情况
校园学习	写论文	视频：用电脑写论文	无	无
	听讲座	9张图片：参加学术论坛的照片（自拍和合照）	无	2赞
	上课	2张图片：上课时与同学的合照、自拍	上课时（表情：笑哭）	5赞
	考前复习	1张图片：平时自己做的中文笔记的截图	要考试了	6赞 5回复
校园活动	同门聚餐	9张图片：同门聚餐	Congratulation for my seniors. May our friends long life time!Good luck for your life and love.	9赞
	留学生晚会	视频：留学生晚会视频	来玩不（表情：机智）	无

文本主题		照片/视频	文字描述	互动情况
校园活动	参加校园长跑活动	3张图片：和同学的集体照	不管风雨6个半小时一直奔跑。厉害了我的队！队长超棒，两位美女幽默大方，都是女汉子，剩下三位就是骑士，棒棒哒。	6赞 3回复
	舞蹈彩排	视频：和同学一起舞蹈彩排	中国舞蹈形式之一。第一次彩排，虽然跟着音乐好困的感觉，但是大家看起来很兴奋（流口水×2）	3赞

通过表6-4可以看出，置身于来华留学生构建的校园场景之中，"观众"可以获知他们上课、参加学术交流活动、写论文、考前复习等学习行为的具体地点、状态；也能够了解他们丰富多彩的校园活动，包括同门聚餐、留学生晚会、校园长跑比赛、舞蹈彩排等。从文字描述中，如"棒棒哒""很兴奋"能看出来华留学生对学习与校园活动的积极参与态度，同时他们也塑造了其努力学习、积极参与活动的自我形象。

来华留学生呈现的某些场景，如留学生晚会，是东道国成员很少参与、体验的场景，在这些场景中留学生群体作为主导群体，他们的行为变得更主动，有更为强烈的参与意愿。观察文本互动情况，我们发现，来华留学生参与"校园长跑"的活动获得的点赞与回复最多，而"留学生晚会"没有点赞或回复。这说明对于来华留学生微信朋友圈的"观众"来说，陌生场景中的个体行为虽然能一定程度满足他们的猎奇心理，但东道国群体与来华留学生群体共同主导的行为更能够引起其关注与共鸣，因为从这些场景中，"观众"能够了解异文化群体适应、融入中国语境的具体情况，从而对本民族文化产生认同与自豪感。

②社会交往。来华留学生会在微信朋友圈呈现在跨文化交往中自身与他人或群体的社会交往行为，如表6-5所示。

表6-5　部分"社会交往"文本

文本编号	图片/视频内容	文字描述	互动情况
DA7	图片6张：和朋友外出吃饭1张，食物1张，人物照4张	Alhamdulillah，meeting these wonderful sisters（玫瑰）	2赞
HY11	图片3张：和朋友一起吃自己做的饭	姐妹装，好久没有一起大吃一顿啦！	3赞

续表

文本编号	图片/视频内容	文字描述	互动情况
QS8	图片9张：参加同学的生日宴	庆祝XX的生日，庆祝我们的友谊（爱心）	11赞 2回复
XS3	图片2张：和同门吃饭	快两年了没有这个机会跟老师和师兄一起去吃个饭，真的有话想说也说不出来。	6赞 3回复
DC29	图片1张：和朋友打篮球	Who got Next？ The marathon Continues	无
KV45	图片1张：建筑物图片	Had a great with the boys @ XX @XX	无

分析表6-5发现，来华留学生的社会交往对象并不局限于留学生群体，也有东道国成员出现在社交场景中。这说明不同文化之间人际关系的建立，往往不是毫无选择的。

通常，参与跨文化传播的人都具有相同或相似的群体特征，而这些群体特征并不完全以国籍为界线，相同的兴趣爱好、生活、学习方式都可能成为群体聚集的影响因素。

美国心理学家威廉·舒茨提出了人际需要理论，他认为人与人建立交往关系主要是为了满足人类三种基本的内在交往需要：情感需要、归属需要与控制需要。情感需要反映一个人爱他人与被人所爱的某种欲望。归属需要是指人们渴望通过与他人建立关系，来摆脱心理意义上的孤独状态。基于该理论我们认为，来华留学生在微信朋友圈中呈现现实场域的人际交往行为，展现了他们对情感与归属迫切需求的个体形象。他们作为旅居者，在东道国可能缺乏一定的情感寄托与群体归属感，从而造成安全感缺失。

他们在微信朋友圈中构建现实世界的人际交往场景，既是对社会交往的渴求，又传达了他们成功实现社会交往之后，情感需要与归属需要得到满足的欣喜。

（4）意义路径

任何传播活动的最终节点都要产生一定的意义，否则就是无意义的传播。来华留学生微信朋友圈自我呈现最直接的意义是在网络场域构建了自我，且这个"网络我"与"现实我"有所区分——是积极正面的自我。同时他们的自我呈现也产生了一定的间接意义，即形成了"互依型"自我。

①构建"正面型"自我。通过来华留学生在认知、情感、行为上的自我呈现，我们不难看出，他们极力想要塑造的是一个积极正面的自我形象。而构建正面

的自我最为直接的方式就是"能力显示"，即展示或呈现自身所具有的某种能力。通过"能力显示"，他们直接告诉"观众"，"我"擅长什么。

　　②形成"互依型"自我。相关研究将自我二分为"独立型"自我与"互依型"自我。其中"互依型"自我把自我看成社会关系网络的一分子，个人存在的价值要通过与他人的相互关联来实现。来华留学生在微信朋友圈中发布与来源国文化相关的动态，以此宣传"我"文化，塑造"本国文化传播者"的形象，其潜在意义在于他们在这种自我表述中逐渐形成了"互依型"自我。

参考文献

[1] 姚力虹. 陕西来华留学生教育发展研究 [M]. 西安：西安交通大学出版社，2011.

[2] 徐为民. 来华留学生教育的理念与实践 [M]. 杭州：浙江大学出版社，2011.

[3] 吴汉全，王中平. 留学生与近代中国社会变迁 [M]. 长春：吉林人民出版社，2011.

[4] 王永德. 基于留学生认知实验的汉字教学法研究 [M]. 上海：复旦大学出版社，2015.

[5] 韩明港，高颜平. 高校汉语留学生的管理策略研究 [M]. 成都：四川大学出版社，2016.

[6] 程妤. 来华留学生视野中的"一带一路"倡议 [M]. 上海：同济大学出版社，2017.

[7] 杨婷. 社交媒体的使用与留学生的社会化：以在韩国的中国留学生为例 [M]. 北京：中国广播影视出版社，2017.

[8] 史兴松. 来华留学生跨文化语言社会化研究 [M]. 北京：对外经济贸易大学出版社，2017.

[9] 金范宇. 韩国留学生汉语口语教学中交互式教学的应用研究 [M]. 长春：东北师范大学出版社，2018.

[10] 刘凤阁. 影响来华留学生汉语学习的学习者内部因素实证研究 [M]. 杭州：浙江大学出版社，2017.

[11] 孟霞. 女留学生跨文化适应研究 [M]. 武汉：武汉大学出版社，2018.

[12] 于书诚，沃国成，顾建政. 来华留学生突发事件处置与预防 [M]. 天津：天津大学出版社，2019.

[13] 崔庆玲. 国际留学市场中来华留学教育发展研究 [M]. 哈尔滨：黑龙

江教育出版社，2012.

[14] 程裕祯. 新中国对外汉语教学发展史 [M]. 北京：北京大学出版社，2005.

[15] 吕美娥，王羽. 对外汉语教学引论 [M]. 成都：电子科技大学出版社，2017.

[16] 刘珣. 对外汉语教育学引论 [M]. 北京：北京语言大学出版社，2000.

[17] 粟高燕. 中美教育交流的推进 [M]. 济南：山东教育出版社，2010.

[18] 丛铁华. 汉语教学新理念 [M]. 北京：北京大学出版社，2004.

[19] 安然. 跨文化传播与适应研究 [M]. 北京：中国社会科学出版社，2011.

[20] 陈洁修，朱军文. 在沪高校外国专家跨文化适应：基于组织文化视角的研究 [M]. 上海：上海交通大学出版社，2018.

[21] 师慧，吴宏宽，赵自力，等. 高校开展来华留学生综合素质评价的意义、困境与对策 [J]. 教育现代化，2020，7（45）：115-117.

[22] 夏文斌. 创新中求发展的来华留学生教育 [J]. 北京教育：高教，2020（5）：7.

[23] 英雯，肖艳宇. 积极心理学视域下来华留学生心理健康培育路径研究 [J]. 智库时代，2020（15）：297-298.

[24] 张敬惠. 来华留学生的跨文化心理适应问题研究 [J]. 智库时代，2020（1）：282-283.

[25] 李法玲，姜苹. 留学生汉语学习焦虑的成因及应对方式研究 [J]. 哈尔滨职业技术学院学报，2020（1）：161-162.

[26] 李宪. 高校辅导员对来华留学生跨文化适应问题的探讨和对策研究 [J]. 海外英语，2020（1）：52-53.

[27] 谭旭虎. 来华留学生跨文化教育中的问题及其对策 [J]. 高等教育研究，2020，41（1）：37-43.

[28] 涂艳群. 文化自信视阈下面向来华留学生的中国文化传播体系构建研究 [J]. 文化创新比较研究，2019，3（36）：33-34.

[29] 李刚. 来华留学生跨文化趋同培养模式探析 [J]. 现代教育科学，2019（12）：96-100.

[30] 佘顾雨，朱仁庆，赵海晓. 高校中外学生融合机制及跨文化交流研究 [J]. 智库时代，2019（45）：276-277.

[31] 周雪婷，尹孟杰，陈珂. 对外汉语教学中来华留学生跨文化适应实证研究 [J]. 教育现代化，2019，6（96）：310-314.

[32] 江明珊，王俏. 高校来华留学生突发事件应急管理机制研究 [J]. 管理观察，2019（33）：151-152.

[33] 金潇逍. "一带一路"背景下来华留学生教育需求现状及对策研究 [J]. 中国多媒体与网络教学学报，2019（10）：204-205.

[34] 赵彬，朱志勇. 来华留学生的自我呈现：途径与机制 [J]. 比较教育研究，2019，41（8）：99-106.

[35] 张润绮. "一带一路"沿线国家来华留学生跨文化适应影响因素及对策浅析 [J]. 文化创新比较研究，2019，3（22）：193-194.

[36] 宫宇. 新媒体环境下来华留学生跨文化适应研究 [J]. 新闻传播，2019（12）：49-50.

[37] 李罕南. "一带一路"背景下来华留学生产教融合培养模式的思考 [J]. 产业与科技论坛，2019，18（12）：263-264.

[38] 洪子杰，黄之静，罗欢，等. 来华留学生管理中文化冲突问题与策略 [J]. 中国民族博览，2019（12）：65-67.

[39] 李罕南. 高校来华留学生教育质量分析 [J]. 产业与科技论坛，2019，18（11）：123-124.

[40] 陈青青，张修华. 来华留学生跨文化适应问题思考 [J]. 新闻研究导刊，2018，9（18）：53.

[41] 黄伟，杨雨航. 来华留学生跨文化适应问题及对策 [J]. 新闻前哨，2018（10）：75.

[42] 林岚. 以跨文化适应视角浅析高校来华留学生的管理 [J]. 北京教育：高教，2018（4）：38-40.

[43] 李联凯，孙妍. 新媒体环境下留学生跨文化适应研究 [J]. 现代交际，2017（22）：42.

[44] 郑安云，李娇. 跨文化适应理论对高校留学生教育管理的启示 [J]. 世界教育信息，2017，30（17）：66-70.

[45] 李秀华，李溪萌，张妮娜. 来华留学生跨文化适应障碍及其消解 [J]. 现代教育管理，2016（6）：108-112.

[46] 魏红，吴雁江. 云南省高校留学生人才培养模式探析 [J]. 云南师范大学学报（哲学社会科学版），2008（2）：99-103.

[47] 高燕. 全球化时代汉语传播的意义及其途径 [J] 白城师范学院学报，2006（1）：74-77.

[48] 杨军红. 影响来华留学生教育的综合因素分析 [J]. 郑州航空工业管理学院学报（社会科学版），2007（5）：110-112.